APOCALYPSE 2012

LAWRENCE E. JOSEPH

APOCALYPSE 2012

Une enquête sur des catastrophes annoncées

Traduit de l'anglais (États-Unis) par Pascal Loubet

Michel LAFON

Titre original :
Apocalypse 2012 : A Scientific Investigation into Civilization's End

7-13, bd Paul-Émile-Victor – 92521 Île de la Jatte Neuilly-sur-Seine.
www.michel-lafon.fr

INTRODUCTION

Lors de son premier cours sur les techniques d'écriture, notre professeur nous asséna qu'on jugeait des qualités d'un texte en fonction de la capacité de son auteur à dépeindre des émotions. Je levai la main et bredouillai que, à mes yeux, les émotions étaient accessoires par rapport à la question de la survie : que les personnages fussent heureux, tristes, fâchés ou amoureux, c'était peut-être intéressant, mais dérisoire s'ils finissaient empoisonnés ou brûlés vifs.

Rien d'étonnant, donc, à ce que je décide de m'intéresser à l'enjeu que représente l'année 2012, désignée comme le terme probable de la civilisation telle que nous la connaissons.

On sait qu'un beau jour le monde finira par se consumer, geler ou s'écrouler sur lui-même. Si cette perspective ne déclenche pas d'hystérie collective – du moins généralisée –, c'est que, a priori, la fin des temps n'est pas programmée avant quelques milliards d'années. D'ailleurs, la disparition de la Terre ne signifie pas nécessairement l'extinction de l'humanité : peut-être d'ici là aurons-nous colonisé d'autres planètes ou trouvé le moyen de voyager dans le temps. En somme, pour la plupart d'entre nous, l'apocalypse est un concept bien abstrait. Il sert surtout à hiérarchiser nos contrariétés, comme lorsqu'on tempère la colère de notre conjoint d'un « Ce n'est pas la fin du monde ! » en apprenant que le plombier ne pourra pas venir avant quinze jours.

Tout change dès lors qu'on envisage un scénario plus immédiat. L'hypothèse a cours, en effet, que l'apocalypse pourrait survenir en 2012. Il y a deux manières de réagir à une telle assertion : la ranger au nombre des élucubrations eschatologiques que produisent inlassablement divers groupuscules d'illuminés plus ou moins dangereux ; examiner ses fondements avant de trancher. Les raisons pour lesquelles j'ai choisi la deuxième option apparaîtront bientôt.

Pour que le monde que nous connaissons touche à sa fin, il n'est pas nécessaire que notre planète se désintègre au contact d'un astéroïde de la taille de l'Everest. En l'état actuel des stocks d'armements chimique, biologique et nucléaire dont nous disposons, un nouveau conflit mondial y suffirait amplement. Que les relations entre les États et les peuples viennent à se détériorer jusqu'au point de non-retour et la civilisation fera place au chaos. Et quand bien même aurions-nous assez de sagesse pour ne pas mettre le feu aux poudres délibérément, l'arsenal que nous avons développé constitue une menace en soi, que l'on s'en serve ou pas.

Si je suis particulièrement sensible à ces questions, c'est que je siège depuis le début des années 1990 dans une entreprise qui tente d'empêcher le monde de s'empoisonner. Aerospace Consulting Corporation (AC2) a mendié ou emprunté environ dix millions de dollars pour développer le Vulcan Plasma Disintegrator, un incinérateur portable à ultrahaute température capable de traiter les déchets hautement toxiques, y compris les armes biologiques et chimiques mortelles dont on ne peut se débarrasser autrement.

Nul besoin de croire à une quelconque prophétie apocalyptique pour être pris d'angoisse devant toutes les monstruosités inventées par nos soins pour détruire la planète. Nous avons stocké suffisamment d'armes chimiques – à commencer par le gaz moutarde, agent paralysant mortel vestige de la Grande Guerre, jusqu'à l'anthrax, le sarin et bien d'autres composés – pour faire craindre à Stephen Hawking que l'humanité ne s'éteigne d'elle-même. « Je ne crois pas que l'espèce humaine survivra au prochain millénaire, à moins de coloniser l'espace. Il s'est produit trop d'accidents susceptibles de détruire la vie sur une seule planète », a ainsi déclaré le célèbre professeur de mathématiques de l'université de Cambridge au *Daily Telegraph* britannique. Selon lui, la menace prendra une forme plus insidieuse qu'un holocauste de type guerre froide : « À long terme, ce sont les armes biologiques qui m'inquiètent le plus. La fabrication des armes nucléaires exige de vastes usines, mais un petit labo suffit au génie génétique. »

Quel abominable fléau ces savants fous de la génétique concocteront-ils dans leurs éprouvettes ? Ils pourraient fort bien essayer d'« améliorer » les pires créations de la Nature. Par exemple, certaines des dernières souches de super-bactéries possèdent une enzyme appelée VIM-2 capable de briser les molécules d'antibiotiques. Renforcer génétiquement cette enzyme donnerait à cet organisme un avantage que les antibiotiques ne pourraient jamais rattraper. Nos généticiens déments pourront créer des « priobots » en améliorant les capacités redoutables d'autoréplication des prions, protéines prédatrices capables de transformer le cerveau en éponge en provoquant la maladie de Creutzfeld-Jacob. Les priobots pourraient déclencher la maladie du kuru, affection cérébrale qui provoquait chez les cannibales des convulsions mortelles.

Même si nous empêchons ces criminels de commettre leurs méfaits, les poisons qu'ils préparent devront être neutralisés. Toutefois, aucun incinérateur ne chauffe suffisamment pour consumer de telles substances sans laisser de résidu toxique. C'est le créneau que cherche à occuper le Vulcan.

Collision d'atomes

Pour un exposé au lycée, un camarade et moi avions décidé de construire un accélérateur linéaire, appareil qui propulse les particules subatomiques d'une extrémité vers le centre afin qu'elles entrent en collision à des vitesses vertigineuses. Le Commissariat à l'énergie atomique nous avait aimablement envoyé des plans. Voyant à quel point ils étaient compliqués et comprenant que le fonctionnement de l'appareil risquait de priver tout le quartier d'électricité, nous nous étions résignés à fabriquer un récepteur radio à galène avec une boîte à cigares.

Nous n'aurions probablement pas renoncé si facilement si nous avions su qu'il y avait une infime possibilité pour que notre engin crée un minuscule trou noir qui aurait fini par engloutir toute la planète. À vrai dire, notre appareil aurait été trop petit pour creuser un trou noir dans l'espace-temps, mais on ne peut en dire autant du Grand Collisionneur de Hadrons (GCH), structure circulaire souterraine de vingt-sept kilomètres construite à la frontière franco-suisse. Quand il entrera en fonction en 2007, le GCH développera la puissance colossale de quatorze trillions d'électrons-volts. Il se trouve que c'est la même quantité d'énergie utilisée par un moustique pour voler. Plus remarquable en revanche : il concentrera son faisceau d'énergie dans un espace un trillion de fois plus petit qu'un moustique, fracassant les protons en dizaines de milliers de fragments.

Selon le physicien Michio Kaku, sa puissance concentrée produira « toute une ménagerie de particules subatomiques disparues depuis le Big Bang... dont des mini-trous noirs ». Des mini-trous noirs ? Aussi séduisante que soit l'idée, elle soulève des questions sur le potentiel de cataclysmes engendrés par de telles expériences. Les trous noirs, mini ou pas, n'ont-ils pas tendance à engloutir et à précipiter dans le néant tout ce qui les entoure ?

Le physicien Martin Rees, collègue de Hawking à Cambridge, a également l'honneur d'être l'Astronome Royal du Royaume-Uni. Selon lui, le déluge de quarks jaillissant de la collision proton-antiproton pourrait produire des mini-trous noirs, appelés « strangelets », qui ont la capacité de transformer tout ce qu'ils rencontrent en une nouvelle forme de matière hyperdense. Les atomes sont principalement faits d'espace vide qui, dans un strangelet, serait comprimé, transformant la Terre en une sphère inerte de la taille d'un magasin Ikea – une fin bien peu glorieuse.

Gelée grise

Les innovations s'accompagnent toujours de risques inattendus : par exemple, le scénario de la « gelée grise », dont on essaie de ne pas trop parler dans les environs du laboratoire national de Los Alamos, célèbre pour avoir donné naissance à la bombe A. Los Alamos est le leader de la nanotechnologie. Ses chercheurs tentent de fabriquer des machines à nanoéchelle (milliardième de mètre), destinées à se comporter comme des ribosomes dans les cellules de notre organisme en assemblant, à partir de substances simples comme l'azote, composant clé, des structures complexes telles que les protéines. Les nanotechnologistes ont découvert que, dans les circonstances voulues, les atomes de certains éléments s'assemblent naturellement en structures complexes : comme des acrobates, les atomes de germanium s'empilent pour former une pyramide, défiant la tendance naturelle de la plupart des atomes à céder à la gravité et à rester au sol. Cette propriété se révèle très commode pour toutes sortes de nanocréations, depuis la fabrication de puces d'ordinateur ultra-puissantes à partir de bactéries jusqu'à celle de machines microscopiques pouvant être injectées dans la circulation sanguine pour dévorer cellules cancéreuses et agents infectieux.

Et si l'appétit des nanomachines était insatiable ? Le résultat serait une gelée grise, terme inventé par un pionnier de la nanotechnologie, Eric Drexler, dans *Machines de création* (1986). La « gelée grise » est une nanosubstance hypothétique qui se reproduit à l'infini en dévorant tout le carbone, l'hydrogène ou tout autre élément dont elle se nourrit, jusqu'à avoir recouvert toute la planète d'une gelée visqueuse. Imaginez une boîte de Lego posée par terre et dont les pièces s'assemblent pour former un robot. Sympathique, non ? Mais maintenant, imaginez que le processus parte en roue libre, que le robot Lego n° 1 fabrique le robot Lego n° 2, puis qu'ensemble ils en fabriquent deux autres, les quatre résultants en construisant quatre autres, le nombre doublant à chaque fois dans un processus infini jusqu'à ce que tout matériau de base soit épuisé.

Selon Drexler, des nanomachines autoréplicantes pourraient avaler la Terre en moins de deux jours. La bonne nouvelle est que « quelque chose » apparaîtrait pour dévorer à son tour la gelée grise. La mauvaise, évidemment, c'est qu'il faudrait se débrouiller de cette nouvelle substance. Sauver le monde. Détruire le monde. C'est à peu près la même ambition – tout est dans le choix de ce qu'il nous importe de préserver ou d'anéantir.

Des strangelets qui dévorent la Terre comme une armée de Pacmans. Des priobots qui infectent nos cerveaux. La Gelée Grise qui engloutit toute vie. C'est beaucoup trop tordu pour qu'on en perde le sommeil, mais assez crédible pour donner des cauchemars.

Indigestion solaire

Étant d'origine libanaise et donc assez mat de peau, j'ai toujours eu une attitude désinvolte envers le Soleil – pour moi, c'étaient surtout les gens au teint pâle qui devaient le craindre. Jusqu'au jour où Roger Remy, principal fondateur et scientifique d'AC2, annonça que le Soleil était en train de « faire de la mayonnaise », ce qui signifiait dans son jargon qu'il était « en perte d'énergie ».

Roger est un Franco-Marocain qui parle beaucoup d'opérations secrètes et de voyages dans l'espace, mais sa spécialité étant la manipulation des plasmas, gaz ionisés extrêmement chauds, dont notre immense Soleil est constitué, je ne pouvais ignorer sa remarque.

Quels qu'aient été les problèmes du Soleil, ils étaient à cent cinquante millions de kilomètres. Noël 2004 en revanche était plus proche : en novembre, la fête préférée des petits et des grands nous fonçait dessus comme un train de marchandises en roue libre. Ayant deux enfants, une épouse épuisée et un voyage en prévision, je ne creusai donc pas la question.

– Le Soleil ne peut pas tomber malade, voyons ! déclara d'ailleurs ma fille de quatre ans, Phoebe, qui avait dû surprendre ma conversation avec Roger.

Je m'empressai d'en convenir. Le 26 décembre, une amie proche mourut d'une surdose de somnifères et d'antidépresseurs. La surdose était intentionnelle, mais le suicide, apparemment pas. Ce jour-là également, le tsunami dévasta l'océan Indien.

Bien que la relation entre le comportement du Soleil et le tsunami reste sujette à débat, l'ampleur de ce désastre me fit reconsidérer l'hypothèse de la « mayonnaise ». Aussi, après les fêtes, je me renseignai sur la question. Comme l'avait suggéré à sa manière Roger, le Soleil semblait avoir une indigestion. Il était constellé de taches solaires, des orages magnétiques plus grands que la Terre, qui peuvent libérer l'énergie de dix milliards de bombes H, selon le Dr Tony Philips, webmaster de l'excellent site *science.nasa.gov*. Les taches vomissaient des éruptions de milliards de tonnes de protons et des geysers de trillions d'électrons-volts sur tout le système solaire. Très spectaculaire, mais n'est-ce pas ainsi que se comporte le Soleil depuis toujours ?

Pas exactement. Depuis que Galilée a inventé le télescope en 1610, on sait que l'activité solaire – mesurée au nombre de taches – suit des cycles d'environ onze ans. Lorsque je commençai mes recherches en janvier 2005, le cycle des taches, selon les astronomes, était censé approcher sa période la plus basse, qui se terminait en 2006. Au lieu de quoi, pour une raison inconnue, le Soleil venait de piquer une colère jamais vue depuis novembre 2003, date à laquelle avait été enregistrée la plus vaste des tempêtes solaires. Par bonheur, la plupart de ces éruptions épargnèrent la Terre : elles étaient deux fois plus violentes que celle de mars 1989, qui fit sauter le réseau électrique HydroQuebec, privant d'énergie six millions de foyers canadiens. L'activité solaire demeura anormalement élevée et culmina avec les taches géantes du 20 janvier 2005, qui criblèrent l'atmosphère terrestre du plus grand orage de protons depuis quinze ans. À l'étonnement général, ce phénomène se produisit aux environs du minimum solaire – point du cycle où l'activité est censée être la plus basse. Plus surprenant encore, en septembre, le Soleil passa du calme parfait à une brusque agitation : il se couvrit de taches et cracha des quantités record de radiation pile au pire moment de la saison des cyclones qui donna naissance à Katrina, Rita, Wilma et bien d'autres.

Il n'existe rien dans l'expérience humaine qui soit aussi fiable que le Soleil. Source de la vie terrestre, il réchauffe terres et océans, déclenche la croissance végétale et animale, énergise l'atmosphère, donne naissance aux nuages, aux courants aériens et marins, et gouverne le cycle de l'eau. C'est pourquoi l'idée que le Soleil puisse changer d'une manière ou d'une autre est par définition « impensable ». À l'instar de Herman Kahn ou d'autres philosophes eschatologiques s'efforçant naguère d'anticiper le résultat d'un holocauste nucléaire total, on peine à imaginer les conséquences d'une modification du comportement de l'astre du jour.

Une augmentation aussi infime que 0,5 % de la production d'énergie solaire suffirait à faire griller le réseau de satellites dont dépendent les télécommunications de la planète ainsi que la sécurité militaire et bancaire. Sans parler de notre épiderme, avec un pic de cancers et autres affections radiologiques. Un réchauffement global effréné, l'augmentation subséquente du niveau de la mer et des inondations, une recrudescence de tempêtes géantes, et même des catastrophes sismiques et volcaniques sembleraient inévitables.

Connaissant la retenue des institutions scientifiques, je m'attendais à un silence assourdissant sur ces caprices solaires. Les autorités en la matière ne pouvaient que répugner à associer leur nom à un sujet aussi retentissant, tout simplement parce que leur caution risquait de provoquer un vent de panique. Aussi fus-je stupéfait d'apprendre que l'Institut Max-Planck, organisme public allemand de recherche fondamentale, avait mené plusieurs études confirmant que le Soleil n'avait pas manifesté une telle activité depuis au moins onze mille ans. Depuis les années 1940, et particulièrement depuis 2003, son niveau d'activité dépasse des records. Nous pourrions être désintégrés à tout moment.

Dommages collatéraux

Le scénario apocalyptique le plus effrayant de tous est peut-être celui qui se déroule dans l'espace. Dans l'inconscient collectif, quoi de plus immuable que l'espace ? Or, à en croire des géophysiciens russes, tout le système solaire s'agite de plus en plus à mesure que nous nous approchons d'un nuage d'énergie interstellaire. Ces scientifiques, qui fondent leurs conclusions sur des décennies d'analyse de données satellite, ont découvert que cet afflux massif d'énergie affectait les atmosphères de toutes les planètes, la nôtre y compris, directement ou indirectement par les perturbations provoquées par la rencontre de ce nuage avec le Soleil.

Pas d'inquiétude, l'atmosphère terrestre va nous protéger, n'est-ce pas ? Peut-être en aurait-elle été capable autrefois, mais à présent les savants de la

Nasa et d'Harvard signalent que des brèches de la taille de la Californie se sont inexplicablement formées dans le champ magnétique terrestre, notre bouclier contre les radiations solaires, ainsi que les cancers mortels et les perturbations climatiques qui les accompagnent. Certains scientifiques prédisent même une inversion imminente des pôles Nord et Sud. Il s'agit d'un processus s'étalant sur des milliers d'années, durant lequel d'innombrables pôles magnétiques apparaîtraient un peu partout sur le globe, provoquant la confusion – voire l'extinction – de milliers d'espèces d'oiseaux, poissons et mammifères dont le sens de l'orientation repose sur le magnétisme terrestre. Durant cette période, la protection magnétique de la Terre frôlerait le zéro. Pour vous donner une idée concrète des conséquences, chacun de nous se retrouverait dans la peau d'un albinos tout nu, coincé en plein soleil à midi sur une plage tropicale et sans lotion solaire.

Nous pourrions toutefois être protégés des radiations solaires... par une autre catastrophe apocalyptique. Le ciel pourrait se remplir de cendres absorbant les radiations, mais c'est à peu près la seule bonne nouvelle que j'ai pu extraire d'un documentaire de la BBC annonçant que le Yellowstone, probablement le plus grand supervolcan du monde, s'apprêtait à entrer en éruption. La dernière fois que cela s'est produit, il y a six cent mille ans, le Yellowstone a rendu suffisamment de poussières pour recouvrir le continent nord-américain d'une couche de plusieurs mètres d'épaisseur. De nos jours, une telle éruption conduirait à un scénario du type hiver nucléaire ravageant l'agriculture et l'économie mondiales et faisant des centaines de millions de victimes.

À en croire *Nature*, l'un des magazines scientifiques les plus respectés au monde, l'apocalypse ne relève ni de l'eschatologie ni de la science-fiction. Le numéro de mars 2005 annonce que des extinctions massives, durant lesquelles au moins les trois quarts des espèces terrestres sont anéanties, se produisent régulièrement tous les soixante-deux à soixante-cinq millions d'années. Cela fait soixante-cinq millions d'années que la catastrophe du crétacé tertiaire a vu disparaître les dinosaures, ce qui signifie que, avec un léger retard, l'heure du cataclysme est en passe de sonner pour nous.

Si le Yellowstone se réveille ou si l'acné solaire dégénère en furoncles, nous regretterons amèrement les pépins écologiques que sont les trous dans la couche d'ozone et le réchauffement climatique, tout comme nous nous inquiétions de l'herpès dans les années 1980 juste avant d'écoper du fléau du sida. Mais la bonne nouvelle, comme aimait à le faire remarquer l'amiral Hyman Rickover, père de la marine nucléaire, c'est que, quoi qu'il arrive, « une espèce nouvelle et plus sage évoluera ».

Plongée

Face à la concurrence des prophéties, il est difficile de fixer la date précise du grand désastre. Les scientifiques semblent toutefois s'accorder sur le fait que ce qui se passe actuellement, à l'approche du minimum de l'activité solaire, n'est rien en comparaison des turbulences sans précédent prévues au moment du maximum aux alentours de 2012.

C'est en apprenant cela que je recherchai « 2012 » sur Google. Je tombai aussitôt dans l'univers grouillant de la subculture de l'apocalypse. Blogs, livres, musique et œuvres d'art prophétisaient le Jugement dernier pour cette année-là. Les idéologies, les religions et les philosophies les plus diverses convergeaient, depuis les mythes primitifs jusqu'à la Bible et au Yi-Qing, pour désigner 2012 comme date de l'apocalypse. Se pouvait-il que ce ne soit qu'une coïncidence ?

Or tout ce remue-ménage n'avait rien à voir avec la date prévue pour la recrudescence d'activité solaire. En fait, rares étaient ces prophètes de l'apocalypse qui parlaient du Soleil ou d'ailleurs de sujets scientifiques en général. Ce qui alimentait le mouvement, c'était une prédiction issue de la mythologie maya annonçant la fin – ou le commencement – des temps pour le solstice d'hiver, le 21 décembre 2012. Arrivé à ce stade, renâclant à débrouiller cette nébuleuse New Age, je faillis laisser tomber toute l'affaire.

Les prophéties mayas

L'astronomie maya n'est pas qu'un sujet d'érudition. Il s'agit d'une contribution majeure au patrimoine de l'humanité, d'une valeur comparable à la géométrie de l'Égypte antique et à la philosophie grecque. Qu'on en juge : sans télescopes, sextants ni horloges atomiques, les Mayas ont calculé la durée de l'année solaire à 365, 2420 jours, soit une erreur d'un peu plus de dix-sept secondes par rapport à la certitude que nous détenons désormais : 365, 2422 jours. Le calendrier maya, vieux de mille cinq cents ans, est même légèrement plus exact que le calendrier grégorien, vieux de cinq siècles, que nous utilisons communément de nos jours et qui fixe l'année solaire à 365, 2425 jours.

Les Mayas étaient obsédés par le temps. Sur une période de plusieurs siècles, ils mirent au point au moins vingt calendriers, mesurant les cycles qui rythmaient leur existence – depuis la grossesse jusqu'aux moissons – d'après la Lune et Vénus, dont ils avaient calculé l'orbite avec une erreur d'un jour sur mille ans. Après des siècles d'observations, leurs astronomes parvinrent à la conclusion qu'au solstice d'hiver 2012, le 21 décembre 2012, commencerait une nouvelle ère dans l'histoire de l'humanité. Ce « douzième coup de minuit » du 21/12/12 ouvre une nouvelle ère tout comme l'achèvement de l'orbite terrestre autour du Soleil marque le début d'une nouvelle année au douzième coup de minuit chaque 1er janvier.

Et alors ? Outre un changement de date et un jour de congé, il n'y a aucune différence palpable entre le 31 décembre et le 1er janvier – ce n'est pas comme si nous passions du jour au lendemain de l'obscurité glaciale à la chaleur de la lumière. D'ailleurs, il n'y a pas la moindre différence entre une année et la suivante, en dehors de sa désignation : le passage de 1999 à 2000 n'a été rien de plus que celui d'un chiffre quelconque à un joli chiffre rond. Et ce fut aussi émouvant que le passage d'un chiffre à un autre au compteur d'une voiture.

La date du 21/12/12 a pourtant une autre portée. Il s'agit du solstice d'hiver, moment où l'hémisphère nord est le plus éloigné du Soleil et où, en conséquence, le jour est le plus court et la nuit la plus longue. À cette date, notre système solaire éclipsera la Voie lactée – il s'interposera entre elle et la Terre. Le trou noir au centre de notre galaxie en spirale était considéré comme la matrice de la Voie lactée par les Anciens, et c'est à présent, pour les astronomes contemporains, le berceau des étoiles de notre galaxie. En effet : elle comporte un vaste trou noir pile en son milieu, comme un nombril.

Pour les Mayas, donc, le 21/12/12 sonnerait l'avènement d'une ère nouvelle, autant d'un point de vue vital que purement calendaire. La date présage un moment sacré, à la fois propice et dangereux dans notre histoire, porteuse d'une calamité et d'une révélation, les années précédentes l'annonçant par des événements merveilleux et terrifiants.

Il faut toujours donner aux génies le bénéfice du doute et les astronomes mayas étaient sans conteste des génies. Les prophéties mayas pour 2012 semblent donc receler une sagesse qui ne dépasse pas nécessairement la science, mais qui va bien au-delà de ce que toute méthodologie scientifique contemporaine pourrait confirmer ou infirmer durant le bref laps de temps qui nous reste avant cette date fatidique.

J'ignore pourquoi les Mayas se consacrèrent avec autant de raffinement à l'astronomie alors qu'ils ne furent jamais capables, par exemple, d'inventer la roue ou de simples outils en métal. Mais ignorer purement et simplement leur conclusion fondamentale sur le

21 décembre 2012 comme date pivot de l'histoire humaine – surtout étant donné le troublant ensemble de coïncidences apportées par l'astrophysique solaire et la philosophie orientale – serait extrêmement imprudent.

AVERTISSEMENT

Je ne représente aucune idéologie politique ou religieuse, pas plus que je ne suis, à ma connaissance, tombé sous l'influence d'une quelconque secte sotériologique. Contrairement à nombre d'adeptes de la Fin des Temps, de l'Apocalypse ou d'Armageddon, je n'ai reçu aucune révélation divine, aucune instruction de quelque intelligence extraterrestre, communication de sages de l'au-delà ou épiphanie numérologique.

Je ne suis pas davantage l'un de ces sceptiques qui rejettent toute théorie qui ne serait pas totalement étayée par des preuves empiriques. Le Ciel nous protège de l'appauvrissement de l'imagination et de la créativité qui surviendrait sans nul doute si ces rabat-joie parvenaient jamais à régner sans partage.

Je ne suis pas non plus un fanatique des catastrophes. Je suis fier de n'avoir pas mêlé ma voix aux cassandres du bogue de l'an 2000. Pas plus que je ne me suis jamais préparé à affronter un holocauste nucléaire, l'impact d'une comète, des convergences harmoniques ou toute autre absurdité. Habitant dans la zone sismique de la Californie du Sud, j'ai certes une torche à portée de main dans ma chambre et un jerrycan d'eau potable en réserve. Et je déclare solennellement que je n'espère ni ne souhaite la moindre catastrophe, en 2012 ou autre, si réjouissante cette perspective paraisse-t-elle aux yeux de certains.

Mes conclusions concernant la nature potentiellement cataclysmique de 2012 se fondent sur environ quinze mois de recherches, menées avec un savoir-faire issu de plus de vingt ans consacrés à la rédaction d'ouvrages théoriques et d'articles sur la science, la nature, la religion et la politique dans de nombreuses publications, principalement le *New York Times*.

Écrire un livre est-il un geste irresponsable au regard de la panique que son sujet pourrait provoquer ? Le droit à l'information n'est pas absolu, mais ses limites ne sauraient être fixées par une élite décrétant ce que le peuple est en mesure d'entendre sans céder à la panique. Les autorités sont dans leur rôle lorsqu'elles s'efforcent de prévenir les troubles sociaux que pourrait déclencher la divulgation de certains faits. Les individus qui cherchent la vérité sont tout autant dans leur droit lorsqu'ils tentent de porter à la connaissance du public des informations qui concernent le devenir de l'humanité dans son ensemble. Entre les deux options, je crois qu'un équilibre peut être trouvé.

Le sceau du destin

Le monde disparaîtra-t-il en 2012 ? L'enfer se déchaînera-t-il en un holocauste nucléaire ou sous le choc d'une météorite, comme celle qui aurait provoqué l'extinction des dinosaures ? Je ne le crois pas, même si ce n'est peut-être que le reflet de mes limites émotionnelles : père de deux jeunes et merveilleux enfants, je suis tout bonnement incapable d'affronter la possibilité que tout ce qui m'est cher puisse être anéanti. Je suis capable en revanche de rassembler les faits et d'examiner les preuves susceptibles d'étayer l'hypothèse de l'apocalypse en 2012.

Ce livre a pour objet de démontrer ce que je considère comme le scénario moyen, c'est-à-dire que 2012 est destiné à être une année de troubles et de bouleversements sans précédent. Qu'il s'agisse des douleurs de l'enfantement d'une Nouvelle Ère ou de l'agonie de la nôtre, un faisceau d'indices concordants, d'ordres scientifique, religieux et historique, indique qu'il se produira un déferlement de calamités naturelles et peut-être même surnaturelles.

L'année 2012 porte le sceau du destin. D'après les faits exposés dans ce livre, il y a de bonnes raisons de penser qu'une vaste tragédie et/ou une grandiose révélation se produira ou commencera en cette année-là. La question n'est finalement pas « si », mais « quand » – non pas tant de connaître la date exacte que de savoir si cet événement charnière se produira de notre vivant. La date de 2012 est tellement proche qu'elle nous pousse à envisager les possibilités innombrables de catastrophes mondiales, à en évaluer la probabilité, le potentiel destructeur, et à nous demander dans quelle mesure nous sommes prêts à y répondre, à la fois comme individus et comme civilisation.

Tout le monde réagit aux dates butoirs, de manière constructive ou non, surtout en cas de pression. Telle est la nature humaine. Les dernières minutes de chaque mi-temps au football, soit moins de 7 % du temps total de jeu, concentrent souvent la moitié des actions. J'ai besoin de dates butoirs, comme la plupart d'entre nous. À l'exception du bogue du millénaire, cette grotesque répétition générale, la date limite de 2012 est la première dans l'histoire moderne où les enjeux concernent autant de gens.

L'avantage d'une date butoir est qu'elle nous oblige à réagir. En un certain sens, une menace pesant sur l'humanité dans son ensemble représente une chance inédite de surmonter nos luttes et de nous rassembler pour affronter notre destin collectif. Tel est le défi enthousiasmant de 2012. Il nous force à trouver un objectif commun. Et avoir un but dans la vie est sans doute pour moi la meilleure manière de conjurer l'adversité.

Apocalypse 2012 – Récapitulons :

La thèse de ce livre est que l'année 2012 sera un moment pivot, marqué par une catastrophe sans précédent dans l'histoire de l'humanité.

1. D'anciennes prophéties mayas fondées sur des siècles d'observations méticuleuses indiquent que le 21/12/12 inaugurera une ère nouvelle, accompagnée, comme toute naissance, de sang et de souffrances, ainsi que d'espoirs et de promesses.

2. Depuis les années 1940, et particulièrement depuis 2003, le comportement du Soleil est plus violent que jamais au cours de la période qui nous sépare du réchauffement global qui a accompagné la fin de la dernière ère glaciaire, il y a 11 000 ans. Les astrophysiciens s'accordent à penser que cette activité solaire atteindra un record en 2012.

3. Les tempêtes terrestres sont liées aux tempêtes solaires. La dernière grande vague des cyclones Katrina, Rita et Wilma a coïncidé avec l'une des semaines les plus perturbées dans l'histoire connue du Soleil.

4. Le champ magnétique, notre principale défense contre les dangereuses radiations solaires, a commencé à faiblir, avec l'apparition irrégulière de failles de la taille de la Californie. Une inversion des pôles, durant laquelle notre protection tomberait à zéro, pourrait bien être en cours.

5. Selon des géophysiciens russes, le système solaire est entré dans un nuage d'énergie interstellaire. Ce nuage énergise et déstabilise l'atmosphère du Soleil et des autres planètes. Ils envisagent une catastrophe entre les années 2010 et 2020, lorsque la Terre entrera en contact avec ce nuage.

6. Des physiciens de Berkeley, qui ont découvert que les dinosaures et 70 % de toutes les autres espèces terrestres se sont éteintes à la suite de l'impact d'un objet stellaire il y a 65 millions d'années, affirment, avec une certitude de 99 %, qu'une mégacatastrophe similaire aurait déjà dû se produire.

7. Le supervolcan de Yellowstone, qui entre en éruption cataclysmique tous les 6 000 à 7 000 ans, se prépare à exploser. La plus récente éruption de magnitude comparable, au lac Toba, en Indonésie, il y a 74 000 ans, a conduit à la disparition de plus de 90 % de la population mondiale de l'époque.

8. On trouve dans des philosophies orientales comme le Yi-Qing, le *Livre des Transformations* chinois, ainsi que la théologie hindouiste, des prophéties selon lesquelles l'année 2012 correspondrait à la fin du monde.

9. Au moins une interprétation de la Bible prédit que la Terre sera anéantie en 2012. La confrontation des musulmans, juifs et chrétiens vise à précipiter la bataille de la Fin des Temps.

10. Ne perdons pas espoir.

LE TEMPS

En soi, cela ne me trouble pas que le chauffeur de taxi rastafari adresse des prières reggae à Jah Tout-Puissant en baissant le nez sur son volant tout en fonçant sur la 1405, l'autoroute la plus encombrée de la Californie du Sud. Il conduit parfaitement et sans à-coup. Pas plus que ne me gêne la déco intérieure du véhicule, tapissé de photos de lions rugissants ornés de messages religieux sur l'amour, la mort et le Lion de Judée. Je suis originaire de New York, où les chauffeurs de taxis allumés pimentent vos journées. Ce qui me surprend, en revanche, c'est sa manière impeccable de se métamorphoser pour répondre très professionnellement à son portable : « West Side Transportation, à votre service ». Et après avoir réglé la question, de revenir à Jah, ses lions, et ses prières tête baissée.

Je me rends au Guatemala pour rencontrer des chamanes mayas qui vont m'expliquer les prophéties de 2012. Quand j'en ai parlé à Elia, ma femme de ménage salvadorienne, elle a hurlé : « No te vayas ! Gangas ! Pensez à vos enfants. Et si vous ne reveniez pas ? », avant de s'enfuir en courant. Peut-être les prières de mon taxi rasta sont-elles destinées à attirer sur moi la protection du ciel. Jah soit loué.

Arrivé à l'aéroport, sur un coup de tête, je demande à mon chauffeur s'il a entendu parler de 2012.

– Dites-moi tout, répond-il en hissant mes bagages hors de son coffre.

– Eh bien, certains affirment qu'il va se passer de grandes choses en 2012. Peut-être même que ce sera la fin du monde.

– Ils disent toujours ça. J'ai attendu la fin du monde en l'an 2000, lâche-t-il d'un air navré. (C'est le moment du pourboire et mon rasta veut finir sur une note positive.) Mais si on continue nos bêtises, vous pourriez bien avoir raison.

– 1 –

POURQUOI 2012 ?

Deux heures à crapahuter dans une jungle infestée de crocodiles et de tarentules ayant servi de décor à une saison récente de *Survivor.* Après être passé devant un ancien stade maya où gagnants comme perdants étaient jadis sacrifiés (voilà qui aurait dopé les audiences de l'émission de télé-réalité), puis avoir escaladé en sueur les cent marches branlantes et très raides des ruines deux fois millénaires de la Grande Pyramide, cœur du *Mundo Perdido* (le Monde Perdu), la plus vieille partie du site de Tikal, je suis récompensé par ceci :

– Le problème doit venir de ton serveur. Appelle le support technique et demande-leur de reconfigurer...

Qu'on leur arrache le cœur et qu'on précipite leurs cadavres sur l'escalier de pierre en guise de sacrifice à Bill Gates ! Au fin fond de la jungle guatémaltèque, au sommet d'un temple sacré, deux crétins d'adolescents sont infichus d'oublier une seconde leurs ordinateurs.

Je suis venu à Tikal, berceau des plus anciennes prophéties mayas, pour me faire une idée de ce qui, jusque-là, n'est qu'un vague fatras. Par exemple, dans le calendrier maya, l'ère actuelle, connue sous le nom de Quatrième Âge, a commencé le 13 août 3114 av. J.-C., et se terminera le 21 décembre 2012. Je pouvais me répéter ce fait et bon nombre d'autres sans erreur, mais, tout comme l'algèbre au douzième degré – la dérivée de *n* au cube est égale à 3 *n* au carré, mais qu'est-ce qu'une dérivée, au juste ? –, je n'y entendais rien.

Les calendriers, qui font pour moi partie du quotidien, sont bien le nœud du problème. Il y avait bien eu autrefois une dispute entre papes sur le nombre de jours que devaient compter février et août, mais ce différend est réglé depuis un demi-millénaire. Et je savais qu'au douzième coup de minuit inaugurant 2006, le préposé à l'horloge atomique officielle avait ajouté une seconde parce que le tsunami de décembre 2004 avait ralenti la rotation de la Terre, ce qui constituerait en soi un sujet d'étude intéressant si nous avions le loisir de le creuser.

Les fondamentalistes de tout poil soutiennent que leur livre sacré contient tout ; de ma visite au Guatemala, j'allais apprendre que « tout » n'est pas dans un livre, mais dans un calendrier. Les Mayas balisèrent le décompte du temps au moyen de vingt calendriers, dont seuls quinze sont parvenus jusqu'à nous. Ces calendriers sont liés aux mouvements du Soleil, de la Lune et des planètes visibles, aux récoltes, aux insectes et aux cycles, et ont une durée allant de deux cent soixante jours à plus de cinq mille deux cents ans.

Dans le *tzolkin,* calendrier correspondant au cycle de la grossesse et au cycle de la planète Vénus, chaque jour coïncide avec l'un des vingt symboles des divinités, appelées *ahau*. Le nombre 20 est sacré chez les Mayas parce qu'un être humain possède vingt doigts, dix pour atteindre le ciel et dix orteils pour s'ancrer au sol. Pour eux, le nombre 10, si important pour nos mathématiques, n'était au mieux que la moitié d'un tout.

Treize forces influencent les vingt divinités *ahau*. Le nombre 13 provient de la somme de nos principales articulations (1 cou, 2 épaules, 2 coudes, 2 poignets, 2 hanches, 2 genoux et 2 chevilles), qui servent de points nodaux aux énergies corporelles et cosmiques. Treize forces multipliées par vingt divinités égalent deux cent soixante jours avec chacun sa spécificité.

Les prophéties mayas concernant 2012 sont du domaine du Compte Long, qui couvre environ cinq mille deux cents années solaires. Selon le curieux système de calcul maya, une « année » possède 360 jours ; les 5,25 jours restant (4 × 0,25 correspondant au jour supplémentaire de l'année bissextile) sont considérés comme « hors du temps » et traditionnellement consacrés à remercier les dieux pour l'année précédente et fêter celle qui s'annonce. Donc 5 200 de ces années mayas, appelées Soleils, correspondent à peu près à 5 125 de nos années grégoriennes. Il faut cinq Soleils pour achever un cycle complet de 26 000 ans, correspondant à un phénomène astronomique connu, la précession des équinoxes.

Selon les Mayas, depuis l'apparition de la civilisation humaine, nous avons achevé trois Soleils et presque un quatrième, entamé à la date du 11 août 3114 av. J.-C. et devant finir le 21 décembre 2012 de notre ère. Les unités de temps des Mayas sont complexes [1] : ainsi, selon le Compte Long (décompte des jours sur une période d'environ 5 125 ans destinée à la datation des événements historiques), notre 21/12/12 serait noté par les Mayas « 13.0.0.0.0 ». Ici, le nombre 13 correspond au nombre de *baktuns,* périodes de quatre cents années mayas, soit 144 000 jours. Fait intéressant, le nombre 144 000 figure à plusieurs reprises dans l'Apocalypse de saint Jean, en référence au nombre de personnes qui iront porter la parole de Dieu durant la Tribulation, période de tumulte qui précède le Second Avènement du Christ.

Le système de calcul maya est vicésimal, c'est-à-dire qu'il repose sur une base 20, par opposition à notre système décimal, qui est en base 10. Dans ce système, le premier chiffre (le plus à droite) est réservé pour les unités d'un jour, le deuxième pour les unités de vingt jours, le troisième pour les unités de 360 jours (année maya), le quatrième pour les unités de 7 200 jours (soit vingt années mayas) et le cinquième pour les unités de 144 000 jours, soit 400 années mayas.

Le nombre 13, comme nous l'avons vu, est sacré dans la cosmologie maya. Un Soleil correspond à treize fois 144 000 jours, soit une durée de 1 872 000 jours ou 26 000 années solaires mayas. Le jour où s'achève un Soleil, le Compte Long reprend à partir de zéro.

1. Le Compte Long, ou décompte des jours sur une période d'environ 5 125 ans, destiné à la datation des événements historiques (successions, batailles), se subdivise ainsi : le *kin*, jour ; le *uinal*, période de 20 *kinob* (jours) ; le *tun*, période de 18 *uinalob*, soit 360 jours ; le *katun*, période de 20 *tunob*, soit environ 20 ans ; le *baktun*, période de 20 *katunob*, soit environ 356 ans.

En conséquence, le 22 décembre 2012, lendemain de l'apocalypse – si elle survient –, sera de nouveau la date maya 0.0.0.0.1.

Flèche et cycle du temps

Pourquoi ce peuple perdu dans des jungles et des hauts plateaux était-il à ce point obsédé par le temps ? Après tout, les Mayas n'avaient pas de trains à prendre – ils ne voyageaient d'ailleurs nulle part.

« Au premier abord, cela pourrait passer pour une exagération d'attacher une telle importance au calendrier maya sacré. Pourtant, quiconque comprend son rôle dans la Méso-Amérique précolombienne se rend compte que ce calendrier est lié à un grand nombre, voire à la totalité des aspects les plus complexes de la vie intellectuelle de la région : la conscience du caractère cyclique des mouvements des corps célestes, l'évolution des compétences mathématiques grâce auxquelles ils pouvaient manipuler les nombres dérivés de ces cycles et le développement d'un système de hiéroglyphes pour noter ces résultats... Avec lui ont dû naître la plupart des corollaires de la civilisation : astronomie, mathématiques, écriture, planification urbaine », écrit Vincent H. Malmstrom, de l'université de Dartmouth.

Nous savons tous intuitivement que le temps se déroule à la fois de manière linéaire, comme une flèche qu'on tire, et de manière cyclique. La flèche du temps illustre le simple fait qu'une minute suit la précédente sur la ligne droite qui mène à l'infini ou à la fin du temps. Le cycle du temps illustre les continuums éternels, comme le jour et la nuit, l'enchaînement des saisons, les phases de la Lune. La flèche et le cycle du temps reflètent différentes postures face à l'histoire : d'un côté, ceux qui considèrent que l'ignorer nous condamne à la répéter (cycle) ; de l'autre, ceux pour qui le passé n'est qu'une succession d'événements révolus (flèche). Je me suis longtemps rallié aux seconds pour estimer que l'histoire, bien que source d'intéressants récits, était du passé. Mais après avoir quitté ma femme à l'âge auquel mon père a quitté ma mère, j'ai réévalué l'importance du cycle...

Chaque culture a une prédilection soit pour la flèche, soit pour le cycle. La société occidentale contemporaine conçoit de toute évidence le temps comme une flèche toujours plus rapide, avec ses montres qui bipent et clignotent, ses fours à micro-ondes, ses téléphones mobiles et ses innombrables compteurs. Cette conception exprime l'orientation vers le changement et le progrès, au point parfois d'ignorer les valeurs éternelles et récurrentes. Ce déséquilibre pourrait bien provenir de notre passage d'une économie fondée sur l'agriculture, étroitement liée aux cycles saisonniers, à une production industrielle détachée des rythmes naturels.

Les Mayas attachaient et attachent encore une grande importance au « cycle ». À leurs yeux, le progrès est secondaire par rapport à l'harmonie avec les mouvements éternels de la Nature. L'inconvénient, bien sûr, est qu'à force de se fixer sur les cycles au long cours, les Mayas risquaient de ne pas remarquer les changements qui se produisaient autour d'eux au jour le jour. Cette confiance dans le renouvellement immuable des phénomènes permet d'expliquer, comme l'ont remarqué bien des historiens, pourquoi la société maya classique connut un brusque déclin et s'effondra sans que nul perçoive de signes avant-coureurs. Les théories varient : guerres intestines, dépeuplement volontaire, les Mayas abandonnant tout bonnement leurs cités et leur mode de vie pour des raisons inconnues. Certains pensent que leur civilisation n'a pas disparu, mais qu'elle s'est simplement cachée.

L'opinion qui prévaut est qu'ils furent victimes de la dégradation de leur environnement. Ainsi, le dernier livre du biologiste évolutionniste Jared Diamond, *Effondrement : comment les sociétés décident de leur disparition ou de leur survie*, présente les anciens Mayas comme l'exemple même de ce que les sociétés ne devraient pas faire subir à leur environnement. Méthodiquement, l'auteur démontre qu'ils furent victimes d'une surpopulation, de la déforestation et de la surexploitation des sols. Une étude de la Nasa publiée en 2004 corrobore cette thèse. Du pollen fossilisé dans des sédiments prélevés aux alentours de Tikal et datant d'environ 1 200 ans, juste avant l'effondrement de la civilisation maya, indique que les arbres avaient presque complètement disparu, remplacés par les herbes.

Selon Diamond, la densité de la population à l'époque classique maya atteignait 580 individus au kilomètre carré, soit le double de la densité actuelle du Rwanda ou du Burundi, deux des pays les plus peuplés d'Afrique. L'appauvrissement des ressources entraîna des guerres, puis un effondrement de la société : une population qui comptait entre cinq et quatorze millions d'âmes en l'an 800 diminua de 80 à 90 % en moins d'un siècle.

« Pourquoi les rois et l'aristocratie ne surent-ils pas percevoir ou résoudre les problèmes évidents qui minaient leur société ? Sans doute n'étaient-ils occupés qu'à s'enrichir, mener des guerres, ériger des monuments, rivaliser entre eux et extorquer assez de vivres à leurs paysans pour soutenir toutes leurs activités à court terme. Comme la plupart des dirigeants dans l'histoire humaine, les aristocrates mayas ne se préoccupaient pas des problèmes à long terme, si tant est qu'ils les percevaient », écrit Diamond.

Il se peut que le déclin de la puissance, de la prospérité et de la population des Mayas soit le plus radical qu'ait jamais connu une civilisation. Cela invalide-t-il leur sagesse ? En tout cas, en matière de catastrophes, ils étaient des experts.

Tourner comme une toupie

Je bouillonnais toujours d'une vertueuse indignation quand je me rendis compte que la conversation que j'avais surprise entre mes deux ados au sommet de la pyramide de Tikal n'était probablement pas très éloignée dans l'esprit de celles qui s'y déroulaient à cette lointaine époque. En fait, la pyramide avait été édifiée tout exprès pour que les astronomes dressent les cartes du ciel et suivent le cours du temps céleste.

Imaginez deux astronomes mayas, un vieux et un jeune, débattant des étoiles à la veille du point vernal.

Le vieux observe que l'étoile Polaire n'est pas dans la même position que lors de l'équinoxe de printemps lorsqu'il a commencé ses observations trente-six ans plus tôt. Entre-temps, elle s'est déplacée vers l'ouest, déclare-t-il, ce qui correspond à la même distance que le diamètre de la pleine lune (soit environ un demi-degré).

Le plus jeune s'indigne de cette hérésie. Depuis des temps immémoriaux, à toute date et heure données, les étoiles sont censées se trouver dans la même position d'une année sur l'autre. Affirmer le contraire signifierait que la grande horloge céleste n'indique pas parfaitement l'heure.

Finalement, la vérité l'emporta et la découverte du plus vieux fut incorporée dans la cosmologie maya. Il y a peut-être 2 500 ans, leurs astronomes énoncèrent ce fait étonnant : lentement, inexorablement, le ciel se déplace vers l'ouest au rythme d'environ un degré tous les 72 ans, et achève un cycle complet tous les 26 000 ans environ. Un observateur qui vivrait 26 000 ans verrait le pôle passer de l'étoile Polaire à Véga, puis revenir à la Polaire.

Comme on nous le répète constamment depuis Copernic, ce n'est pas le ciel, mais la Terre qui se déplace. En fait, la Terre tourne comme une toupie sur son axe. Observez une toupie et vous verrez que son axe décrit un minuscule cercle. Ce processus, appelé « précession », est tout à fait analogue à ce que nous percevons comme la rotation de la voûte céleste.

La précession semble avoir été découverte plus ou moins au même moment par différentes civilisations. On attribue à Hipparque – un astronome grec du

IIe siècle av. J.-C. – d'avoir compris le premier que le ciel est en réalité une horloge géante qui met des centaines de milliers d'années à tourner [1]. Cependant, il est probable que les Égyptiens, Babyloniens et Sumériens aient été les premiers à appréhender ce concept.

Les astronomes perses et indiens connaissaient eux aussi la précession, peut-être par le biais des Grecs, et étaient tellement impressionnés que les cieux décrivent si lentement un cercle immense qu'ils attribuèrent cela à une divinité, Mithra. Durant le VIe siècle av. J.-C., le mithraïsme gagna rapidement toute l'Inde, le Moyen-Orient et l'Europe. À son apogée, au IIe siècle de notre ère, le mithraïsme était plus répandu que le christianisme dans l'Empire romain. Sa doctrine reposait sur le sacrifice d'un taureau sacré qui donnait naissance à toute bonté. Bien que cette religion ait décliné dès le IIIe siècle, et en dépit, plus tard, de la domination de l'islam sur la Perse, le nouvel an perse est encore fêté à l'équinoxe de printemps, généralement le 20 mars, vestige de ce culte.

Selon Milutin Milankovitch, éminent astronome serbe, l'importance des cycles longs de l'orbite et de la rotation de la Terre est loin de n'être que superficielle.

---

1. Le phénomène de précession des équinoxes observé par Hipparque est le suivant : d'une part, la ligne des pôles de la Terre n'est pas perpendiculaire à son plan de rotation autour du Soleil, mais forme un angle très prononcé, de 23,5°, avec ce plan ; d'autre part, l'axe de rotation de la Terre autour d'elle-même, ou axe des pôles, ne reste pas fixe, mais tout en restant à 23,5° d'inclinaison décrit un cône d'angle 23,5° en faisant une révolution complète en 25 800 ans. Actuellement, l'axe de la Terre pointe vers l'étoile Polaire. Au terme de cette révolution complète, il pointera vers Véga.

Il a étudié l'impact potentiel de trois cycles, connus sous le nom de cycles de Milankovitch, sur le climat et les catastrophes naturelles de la Terre. Le premier, appelé « excentricité », explique que la forme de l'orbite de la Terre autour du Soleil passe du cercle quasi parfait à une ellipse plus prononcée au cours d'un cycle de 90 à 100 000 ans. En ce moment, nous sommes au stade le plus circulaire, c'est-à-dire que la distance Terre-Soleil ne subit qu'une variation de 3 % – et l'énergie reçue une variation de 6 % – entre le périhélie, point où la Terre est le plus proche du Soleil, et l'aphélie, point où elle en est le plus éloignée. Cependant, à mesure que le cycle d'excentricité progresse vers le point le plus elliptique, la quantité de radiations que recevra notre planète au périhélie sera de 20 à 30 % supérieure à celle reçue à l'aphélie. Cela produira des différences saisonnières plus prononcées et une profonde modification du climat. Selon Milankovitch et ses partisans, l'excentricité est largement responsable des précédentes ères glaciaires.

Actuellement, le périhélie se produit durant la deuxième semaine de janvier, peu après le solstice d'hiver de l'hémisphère nord. Voilà qui est parfait, du moins pour les habitants de la moitié nord du globe, puisqu'ils reçoivent un supplément de 6 % d'énergie solaire au cœur de l'hiver. Hélas, cette situation confortable ne durera pas. À mesure que le pôle céleste se déplace de l'étoile Polaire vers Véga, l'orientation de la Terre vers le Soleil se modifie, au point que le périhélie se produira durant le solstice d'été dans l'hémisphère nord. Ce qui signifie que nous bénéficierons de l'augmentation d'énergie au beau milieu de l'été. Et dans 13 000 ans, ce surcroît d'énergie sera deux ou trois fois plus prononcé qu'aujourd'hui : l'orbite terrestre sera plus elliptique, créant une plus grande différence entre les quantités de radiations solaires reçues aux différents moments de l'année. Bref, dans l'hémisphère nord, les étés seront plus chauds et les hivers plus froids. L'hémisphère sud devient un excellent investissement immobilier et foncier à long terme.

On nous a appris que la Terre est inclinée sur son axe, même si nous en ignorons au juste la raison. Selon certains, cela a été causé par l'impact d'un astéroïde ou d'une autre planète il y a des millions d'années. Selon d'autres, il faut l'attribuer à l'attraction du Soleil, plus forte à l'équateur, où est située la plus grande partie de la masse terrestre.

De cette inclinaison découlent les saisons, puisque, à différentes époques de l'année, différentes zones de la planète sont plus ou moins inclinées vers le Soleil. Quand l'hémisphère nord reçoit directement la lumière solaire, c'est l'été, et les jours sont plus longs que les nuits. À la même époque, l'hémisphère sud recevant une lumière solaire indirecte, c'est l'hiver, et les nuits sont plus longues que les jours. Durant deux jours chaque année, les équinoxes de printemps et d'automne, les jours et les nuits sont de même durée partout sur la Terre.

Lors d'un cycle baptisé « obliquité », Milankovitch a découvert qu'au cours d'une période d'environ 41 000 ans l'inclinaison de la Terre sur son axe passe de 22,1 degrés à 24,5 degrés. Actuellement, elle est de 23,5. Plus l'inclinaison est forte, plus le contraste des saisons est prononcé. Imaginez-vous debout par une nuit d'hiver glaciale devant un feu de camp. À présent, penchez-vous vers le feu. Votre visage est plus chaud, tandis que vos fesses s'éloignent vers le froid de la nuit. C'est exactement ce qui se produit pour la Terre quand l'inclinaison de son axe est plus prononcée.

Bien que cette idée fasse défaillir certains scientifiques contemporains, un faisceau de preuves archéologiques (textes et objets) indique que les Mayas avaient une notion rudimentaire des cycles astronomiques de précession, d'excentricité et d'obliquité. Cette connaissance accordait aux prêtres-astronomes un statut enviable au sein de leur société, puisqu'on estimait qu'ils étaient en communication avec les dieux. Savoir par exemple quand Vénus se lèverait impressionnait les masses, non seulement parce que cette aptitude révélait une maîtrise du calcul mais parce qu'elle traduisait le fait que les dieux parlaient aux prêtres, lesquels faisaient part de ce message à leurs fidèles. En conséquence, les prophéties mayas concernant 2012 étaient considérées comme d'origine divine.

Pendant des millénaires, le ciel nocturne fut la source la plus immédiate d'information et de distraction. Les anciens regardaient les étoiles et les planètes avec autant d'intérêt que nous la télévision. Les corps célestes représentaient précisément les corps des différentes divinités. Leurs mouvements et variations dénotaient des événements divins. Les prêtres-astronomes ont poussé l'art et la science de l'observation céleste au point de pouvoir prédire l'avenir – les éclipses solaires et lunaires, par exemple. Cela n'exigeait pas seulement des capacités d'observation, mais aussi les connaissances mathématiques nécessaires pour corréler les mouvements de la Lune et du Soleil. Une telle sophistication dément le cliché de l'homme blanc qui, sachant qu'une éclipse doit se produire, prétend faire disparaître le Soleil afin de terroriser les indigènes. Les hommes blancs ne savaient pas la moitié de ce que savaient les anciens sur les étoiles.

En contemplant le ciel nocturne, Van Gogh voyait les tourbillons de l'imagination de Dieu. Des siècles plus tôt, Pythagore écoutait la « musique des sphères », inaudible pour l'oreille mais perceptible par l'âme. Prenons une image : il suffit d'écouter les premières mesures des *Quatre Saisons* de Vivaldi pour que se déroule la suite dans votre esprit. Eh bien, au court de leurs siècles d'observation passionnée, les prêtres-astronomes mayas ont développé une oreille pour la musique des sphères, jusqu'aux accords annonciateurs de désastres.

« Avant le XVe siècle, par le biais des prophéties, les Anciens étaient au fait de l'invasion des Espagnols, qui commença le premier jour d'un cycle appelé *Belejeb Bolum Tiku* (les Neuf ténèbres). C'était une période de 468 ans, composée de neuf petits cycles de 52 ans chacun, qui dura du 17 août 1519 au 16 août 1987 (jour de la Convergence Harmonique). Comme les gardiens des Prophéties connaissaient bien à l'avance l'invasion imminente, ils eurent largement le temps de préparer leur peuple. Ils l'informèrent des conséquences qu'aurait l'invasion sur eux, leur terre sacrée et leur mode de vie traditionnel. Ils se préparèrent notamment en assurant la protection de toutes les archives, y compris les codex (textes sacrés) », écrivent Gerardo Barrios et Mercedes Barrios Longfellow dans *Le Tzolkin maya : la voie vers l'alignement avec les énergies de la Terre* (2005).

La plupart des milliers de codex mayas originaux furent brûlés durant les premières semaines de la conquête espagnole en 1519, sur ordre de l'Église. L'évêque Diego de Landa, qui supervisa l'autodafé, reçut ensuite du roi et de la reine d'Espagne l'injonction de retourner au Guatemala et de rédiger un livre résumant les croyances mayas. Le texte final, *Relación de las Cosas de Yucatán*, était un tissu d'erreurs, dont la moindre n'était pas de déclarer en introduction que tous les Mayas adoraient Jésus-Christ. Malgré tout, ce livre, le premier dédié aux Mayas écrit dans une langue européenne, devint la base de tout le savoir occidental – erreurs comprises – sur les coutumes et croyances des Mayas.

Seuls quatre codex mayas échappèrent à l'autodafé des Espagnols. Il se trouve que nombre d'autres textes sacrés furent préservés par les archivistes de différentes tribus qui les dissimulèrent dans des montagnes et régions reculées. Pendant plus de vingt ans, Gerardo Barrios a visité des villages au Guatemala, au Salvador, au Honduras et au Mexique, à la recherche des descendants de ces Anciens, dont certains vivaient encore dans les grottes où s'étaient réfugiés leurs ancêtres à l'époque des conquistadores. Il a découvert qu'à l'exception de variations linguistiques mineures

« tous les calendriers en usage dans les communautés mayas correspondent au décompte des jours que les Mayas utilisent depuis des milliers d'années ».

Ces textes furent mis à l'abri parce que les étoiles avaient averti les Mayas du désastre menaçant leur culture. À présent, le calendrier maya nous avertit de la catastrophe qui attend le monde entier.

Le 21/12/12, comme le soutiennent les Mayas depuis des millénaires, notre système solaire, le Soleil à son centre, éclipsera depuis la Terre le centre de la Voie lactée. Ce phénomène ne se produit que tous les 26 000 ans. Les anciens astronomes considéraient ce point central comme la matrice de la Voie lactée. Nous avons aujourd'hui la preuve que c'est en effet là que naissent toutes les étoiles de la galaxie. Les astronomes pensent qu'il s'y trouve un trou noir qui absorbe toute la matière, l'énergie et le temps qui servent de matériaux bruts pour la création des futures étoiles.

En d'autres termes, tout le flot d'énergie en provenance du centre de la Voie lactée vers la Terre sera interrompu le 21/12/12 à 11 h 11, en temps universel, pour la première fois depuis 26 000 ans. À cause d'une petite oscillation dans la rotation de la Terre.

Mais pourquoi une brève rupture d'alimentation d'une source aussi éloignée que le centre de la galaxie aurait-elle le moindre impact sur notre planète et sa population ? Après tout, nous pouvons continuer de vivre pendant des jours, et même des mois, sans lumière solaire ou lunaire, sans que cela pose de problème. À la moindre coupure d'électricité, les horloges des appareils comme les magnétoscopes ou les micro-ondes se mettent à clignoter jusqu'à ce qu'on les règle à nouveau. Selon les Mayas, cette simple rupture d'alimentation, si courte soit-elle, va dérégler tous les mécanismes vitaux de notre organisme et de notre planète.

Alors que je descendais difficilement les marches de la Grande Pyramide, j'eus un pincement de cœur pour mes deux ados boutonneux. Une menace plane dans l'air. Nous la sentons tous, même eux, et nous faisons comme si de rien n'était. Il y a pourtant dans le système de pensée maya une logique et une précision qui devraient nous alerter. Le déni devient de plus en plus difficile.

– 2 –

LE SERPENT ET LE JAGUAR

Carlos et Gerardo Barrios ont passé la majeure partie de leur vie à redynamiser le tissu social maya, aider les anciens dans le besoin, et retrouver codex et autres vestiges de la civilisation maya. À la fois chamanes, érudits et porte-parole de leur communauté, ils représentent les plus éminentes autorités en matière de culture et de science mayas. Afin de mieux comprendre la portée de la prophétie de leurs ancêtres, une rencontre s'imposait.

– Le monde finira-t-il le 21 décembre 2012 ? demandé-je.

– Non, pas forcément, répond Carlos Barrios, le débonnaire chamane à barbe grise des Mam, l'une des vingt-six tribus mayas du Guatemala. En théorie, la transition pourrait se faire sans heurt.

Nous sommes à Arbol de Vida, un restaurant végétarien de Guatemala City. Le décor de ce très bel endroit pourrait être qualifié de maya-zen : sur le mur du fond, un bas-relief contemporain représentant le serpent à plumes ne cesse d'attirer mon regard. Il s'agit de Kukulcan, pendant maya de Quetzalcóatl, la divinité suprême du ciel et de la lumière déclinée dans toute la Méso-Amérique.

– Les gens d'aujourd'hui sont terrifiés. Nous vivons à l'époque des armes nucléaires, du terrorisme, des épidémies et des catastrophes naturelles. L'année 2012 cristallise ces peurs. Cette date a été sortie de son contexte pour exploiter l'angoisse des peuples. Nous n'envisageons pas forcément une phase de destruction, mais plutôt la naissance d'un nouveau système, explique Carlos.

Je lui fais remarquer que toute naissance s'accompagne de sang et de douleurs.

– J'ai assisté à des accouchements, me rappelle le chamane, qui est également guérisseur.

Carlos est un Ajq'ij, un prêtre maya. Il sait utiliser la terre, l'air, l'eau et le feu, qui sont, comme dans bien des traditions, les quatre éléments fondamentaux. Les chamanes mayas s'en servent pour guérir, prédire l'avenir et harmoniser l'espace. La spécialité de Carlos est le feu, qui reproduit la puissance du Soleil. Une fois de plus, Kukulcan, le dieu emplumé, distrait mon attention tandis que Carlos explique que le feu est un passage vers d'autres dimensions, la « porte des étoiles » par laquelle reviennent les sages du passé. Selon les croyances mayas contemporaines, les ancêtres ont déjà commencé à revenir et à se mêler à la population. D'après Carlos, ils ne cherchent pas à être reconnus. En 2012, ils seront tous revenus pour accomplir la mission sacrée de cette année tumultueuse.

Arrive le frère de Carlos, Gerardo Barrios, coauteur du *Tzolkin maya : la voie vers l'alignement avec les énergies de la Terre.* Look homme des cavernes sensible, cheveux longs et barbe noirs, sans le moindre poil blanc malgré ses soixante ans bien tassés. Il commande un milk-shake papaye au lait de soja. Carlos et moi optons pour une autre bière.

– L'année 2012 sera un moment pivot, le point de jonction de deux ères différentes, dit-il. La mort, peut-être à grande échelle, fera partie de cette transition.

2012 est-elle l'équivalent d'un « équilibre ponctué », expression choisie par Stephen Jay Gould pour décrire les bonds en avant et transitions brutales par lesquels passe l'évolution ? Ou bien, dans le langage de la cybernétique, ferons-nous en 2012 un saut d'un état stable au suivant ? Gerardo hoche la tête, mais il émet une nuance :

– Le changement sera progressif, plus proche de la tombée du crépuscule que d'un coup d'interrupteur.

Je remarque que je ne suis distrait par le serpent à plumes que lorsque c'est Carlos qui parle. Pour sa part, Gerardo a un côté ténébreux extraordinairement fascinant. Je l'imagine assez bien descendre dans l'autre monde, le royaume de Balam, le jaguar noir de la mythologie maya.

Gerardo fut initié aux ténèbres par un séjour de deux semaines dans une minuscule chambre obscure profondément enfouie sous terre. Après un certain temps, il avait perdu toute notion du temps et de l'espace comme du jour et de la nuit. La plongée dans les ténèbres est une étape de la formation des chamanes mayas. Les anciens désignent parfois un enfant qu'ils estiment prédestiné à devenir un grand chamane alors qu'il est encore dans le ventre de sa mère. Quand il naît, on lui enroule treize bandelettes autour de la tête, qui lui couvrent les yeux. Il les garde jusqu'à ses neuf ou treize ans, et elles sont régulièrement détendues à mesure que grossit la tête. Ce procédé vise à aiguiser les autres sens du chamane, notamment son don pour percevoir les auras. Au cours de l'ultime année de cette cécité imposée, une bande est retirée chaque mois lunaire, pour que les yeux s'habituent progressivement à la lumière. La dernière est ôtée dans une grotte sacrée doucement éclairée par des chandelles. La première chose que voit le jeune chamane est un codex maya, livre sacré fait d'écorce et de peau de cerf, rempli de hiéroglyphes colorés.

Selon les légendes, certains astronomes mayas connaissaient le ciel tellement bien qu'ils pouvaient demeurer dans l'obscurité pendant des semaines jusqu'à perdre toute notion du temps et de l'espace. Et lorsqu'ils sortaient enfin, il leur suffisait de lever les yeux vers la voûte céleste et de fouiller dans leur mémoire pour donner la date exacte grâce à la position des étoiles.

Gerardo enclenche son ordinateur portable et le large écran se remplit d'images d'anciens, des vieillards au regard pénétrant. Carlos et lui ont passé vingt ans à se rendre de village en village dans les territoires mayas du Guatemala, du Salvador, du Honduras et du Mexique pour localiser ces hommes. Certains vivaient encore dans les grottes où leurs ancêtres s'étaient réfugiés au XVIe siècle pour échapper aux conquistadores qui faillirent anéantir la culture maya.

Gerardo a pour sa part vu six codex ayant échappé à l'Inquisition et connaît l'existence de plusieurs autres. Mais les gardiens de ces textes sacrés sont peu disposés à en partager le contenu avec les chercheurs occidentaux. Chat échaudé craint l'eau froide.

Impérialisme culturel

Les frères Barrios bouillonnent à la moindre allusion aux archéologues, qui sont la bête noire des Mayas et de bien des cultures indigènes. Erreurs grossières, préjugés culturels, arrogance – la litanie des doléances à l'encontre des archéologues est longue comme le bras, même si ces critiques s'adressent plus aux mauvais sujets qu'à la discipline elle-même.

L'antique jeu maya, qui consistait à faire passer une balle dans un cerceau, en est un exemple. Des siècles d'« étude » prétendent que c'était un jeu sanglant parce qu'il se terminait par l'exécution des concurrents défaits. En réalité, il s'agissait d'un système plutôt civilisé de gestion des conflits. Au lieu de mener des guerres pour accaparer des routes commerciales, les régions rivales lançaient sur le terrain leurs meilleurs hommes. L'équipe perdante était sacrifiée, évitant ainsi un bain de sang généralisé sur le champ de bataille. Certes, de loin en loin, des esclaves étaient forcés de jouer et les perdants exécutés par simple plaisir, mais c'était là une dérive d'un substitut à la guerre, à bien des égards raisonnable.

Il arrivait aussi que les vainqueurs trouvent la mort. Lors des grandes fêtes, comme la fin d'un cycle sacré de 52 ans, il n'était pas inhabituel pour les Mayas de s'offrir en sacrifice. À Tikal, par exemple, des foules de gens vêtus de manière extravagante s'amassaient devant les marches de la pyramide du Grand Jaguar, où les prêtres costumés en animaux et en divinités accomplissaient des rituels qui enseignaient les préceptes mayas fondamentaux de la cosmologie et de la moralité. La possibilité d'être sacrifié au cours de cette cérémonie suscitant plus de vocations qu'on ne pouvait en satisfaire, les candidats étaient divisés en équipes qui s'affrontaient au cours d'une partie de ce jeu. Les vainqueurs étaient alors récompensés par leur immolation.

Les archéologues se targuent de redécouvrir des cultures « perdues ». Les Italiens apprécieraient-ils que le reste du monde considère qu'à la chute de l'Empire romain tous les progrès techniques, linguistiques et culturels ont été perdus par des descendants trop ignorants ou négligents pour préserver un tel héritage ? Les Mayas fulminent quand des universitaires imbus d'eux-mêmes prétendent leur livrer la signification de leurs hiéroglyphes et leur révéler les splendeurs passées de leurs cités, sans avoir seulement pris la peine de consulter les dépositaires d'une culture dont ils postulent le caractère fossile.

John Major Jenkins, auteur opportuniste de *Cosmogénèse maya 2012*, s'est par exemple illustré dans le débat sur l'histoire et la culture mayas en s'efforçant de démontrer qu'Izapa, ruine mineure située à la frontière américano-mexicaine, était le centre d'un empire qui a fini par devenir celui des Mayas. Page après page, il déploie à partir de plans, calendriers et cartes du ciel des calculs complexes et souvent tirés par les cheveux pour étayer sa thèse. Les frères Barrios saluent poliment cet intérêt, mais s'agacent qu'un étranger s'imagine ainsi localiser le véritable berceau de leur civilisation.

Les archéologues ne doutent de rien. Ils comparent les cultures et leur attribuent des notes : développement technique, législation, structures gouvernementales, systèmes sanitaire et médical. Dans la colonne maya, la case « invention de la roue » est vide – sujet très délicat. Bien que les anciens Mayas aient eu une compréhension des cercles, cycles et orbites supérieure à celle de nombre de leurs contemporains – et à certains égards, de notre civilisation actuelle –, ils n'ont jamais traduit ce concept dans la pratique. De même, aucune arche ne vint orner l'architecture maya au cours des deux millénaires s'étalant entre 1000 av. J.-C. et l'an 1000 de notre ère, bien après que d'autres cultures eurent découvert la beauté et l'utilité de la courbe.

Trop souvent, les archéologues attisent les complexes d'une culture. Quand les frères Barrios prétextent que des roues n'auraient pas été très faciles à utiliser dans la jungle, on balaie sans peine l'argument dès que l'on visite les immenses temples mayas et que l'on songe que les pauvres esclaves voués à hisser des dalles de pierre de cinquante kilos auraient probablement apprécié un chariot et une rampe inclinée. Cela dit, nous autres Américains devrions nous abstenir de la ramener sur la question de l'esclavage.

Carlos secoue la tête d'un air las quand je lui parle des « mayanistes » selon qui la date fatidique est 2011 et non 2012. Menés par Carl Johann Calleman, cancérologue associé à l'Organisation mondiale de la santé qui se consacre depuis des années à l'étude des Mayas, ces gens pensent que les Mayas ont fait une erreur de calcul dans leur propre calendrier. Cette controverse rappelle le moment où certains se sont écharpés pour savoir si le passage au XXIe siècle se produirait le 1er janvier 2000 ou 2001. Carlos, qui apprécie Calleman, explique patiemment que le Quatrième Âge se terminera le 21/12/12, au solstice d'hiver qui devrait se produire à 11 h 11 (temps universel).

Toujours selon Carlos, le Premier Âge, commencé il y a plus de vingt mille ans, a été dominé par l'énergie femelle et lié à l'élément feu. Le Deuxième Âge était placé sous le signe de l'énergie mâle et lié à l'élément terre. Le Troisième, à l'énergie femelle et à l'élément air. Le Quatrième, que nous allons achever, était dominé par l'énergie mâle et lié à l'élément eau. Le 21/12/12, nous entrerons dans le Cinquième Âge, où l'énergie sera équilibrée entre mâle et femelle. Liée à l'élément éther, cette nouvelle ère apportera une sagesse plus subtile.

Eau, feu, air et terre sont des éléments connus qui appartiennent au monde physique. Mais qu'est-ce que l'éther, au juste ? De l'air qu'on ne peut pas respirer ? Des pensées ? Quoi qu'il en soit, la perspective que l'éther soit l'élément thématique de ce nouvel âge me semble de bon augure. Contrairement au feu, par exemple, qui induit l'holocauste, comme l'eau induit la glace ou les inondations, l'éther semble... disons... éthéré : ce n'est pas vraiment l'étoffe dont on fait une apocalypse. Reste le problème de la transition.

LA TERRE

J'ai été naguère plaqué pour M. Spock, le personnage suprêmement logique de Star Trek*, par Barbara Wetzel, la plus jolie prof de mathématiques qui ait jamais enseigné dans notre lycée de Brooklyn. Barbara, qui habitait avec sa tante et sa sœur au-dessus d'une entreprise de pompes funèbres et exhalait toujours de ses cheveux blonds un léger parfum de formol, me déclara qu'elle avait perdu tout intérêt pour l'espèce humaine masculine.*

Je continuai de regarder Star Trek, *mais plutôt comme mon père lorsqu'il suivait les matches des New York Yankees : en priant pour qu'ils perdent.*

*La meilleure possibilité de voir griller M. Spock, le capitaine Kirk et le valeureux équipage de l'*USS Enterprise *était que leur vaisseau subisse une attaque féroce alors que ses boucliers étaient en panne. Cela arrivait de temps en temps avec les Klingons, les Romulans et toutes sortes d'extraterrestres enragés, mais invariablement, à la fin de l'épisode, les membres de l'*Enterprise *en réchappaient sans une égratignure. La différence, bien sûr, c'est que les vaisseaux spatiaux peuvent voler. Nous autres piétons, nous n'avons d'autre choix que de rester plantés là, à attendre notre sort.*

– 3 –

LE VENTRE DE 2012

Le grand requin blanc avait une haleine tellement fétide que je la sentais même sous l'eau. Ou bien c'étaient les autres plongeurs avec moi dans la cage qui étaient en train de vomir leurs boyaux. Le requin, de deux tonnes et quatre mètres couturés de cicatrices, avec ses deux énormes doubles rangées de dents tranchantes comme des rasoirs, avait le regard dément du prédateur qui n'a pas évolué depuis les quatre cents millions d'années qu'il terrorise les océans. Il cognait de son mufle hideux les barreaux de la cage cabossée et s'en prenait aux barreaux.

Excellent entraînement pour tester mes nerfs à l'approche de 2012.

Je me trouvais sur la côte méridionale de l'Afrique du Sud, où je devais visiter l'Observatoire magnétique Hermanus dont les géophysiciens étudient les immenses trous qui se sont ouverts dans le bouclier magnétique protecteur de la Terre. Mon étape suivante était Johannesburg, pour rencontrer les membres de 123Alert, un groupe de médiums qui se distingue par son aptitude à prédire les tremblements de terre et autres éruptions volcaniques.

Pour la première fois depuis douze mois que j'étudiais les divers scénarios de l'apocalypse, je pris le temps de remercier le Ciel d'avoir mis de solides barreaux à la cage. Mon existence avait été jusque-là si protégée que, pour moi, il était évident que je vivrais jusqu'à mes cinquante-huit ans pour assister à 2012 – soit l'espérance de vie d'un homme dans l'ex-URSS, ce qui revient à dire que bon nombre d'hommes ne vivront pas aussi longtemps que moi. À Beverly Hills, où tout le monde est jeune et éternel, évoquer la mort est une faute de goût. Mais en Afrique du Sud, pour les individus de mon âge, c'est une éventualité plus immédiate.

Remonté à bord du *Shark Lady,* le souvenir de la frustration du grand blanc de n'avoir pu me mettre au menu de son déjeuner me rappela l'une de mes questions favorites : si Dieu ou l'Être Suprême en qui vous croyez vous proposait de vous donner exactement ce que vous méritez, ni plus ni moins, pour tout le reste de votre vie, accepteriez-vous ?

La plupart des gens répondent oui avec enthousiasme alors que c'est une proposition piège. Personnellement, je refuserais le marché sans hésiter. Car qui sait ce que je mérite au juste... La félicité ou le châtiment ? Que mérite chacun d'entre nous et que méritent les hommes collectivement ? Les inégalités entre l'Occident et le tiers-monde sont moralement injustifiables, mais souhaitons-nous sincèrement la justice à notre détriment ? Et, si nous sommes conjointement responsables des périls que nous faisons subir à notre planète et des malheurs qui nous affligent, faut-il vraiment, à l'instar de certains illuminés et autres désespérés, appeler de nos vœux l'apocalypse pour laver l'humanité de ses péchés ?

Tandis que le grand blanc s'éloignait en quête de dauphins et de phoques plus savoureux, je me rappelai avoir lu que le cerveau des requins contient une petite concentration de fer qui lui permet de naviguer en suivant le champ magnétique terrestre. Si les failles du bouclier grandissent ou que les pôles s'inversent, mon requin risque fort de ne plus jamais nous retrouver, ni moi ni ses autres proies. Il ne pourra plus s'orienter.

Le champ magnétique terrestre. Encore une bonne raison pour les requins – et les humains – de remercier le Ciel.

Boucliers baissés

Hermanus est une ville pittoresque située à la pointe de l'Afrique du Sud. Avec ses criques qui accueillent les amours des baleines à bosse, elle est considérée comme le meilleur poste d'observation de cétacés au monde.

J'en avais déjà repéré dix quand Brian, militant local, me demanda si j'avais envie de les voir de plus près. J'acquiesçai et il sortit un instrument biscornu dans lequel il souffla, produisant sa version personnelle du bruit que fera l'archange Gabriel pour annoncer le Jugement dernier. Après plusieurs beuglements distordus, une demi-douzaine de baleines nagèrent vers nous, et l'une, de soixante-dix tonnes d'après Brian, nous salua d'un panache d'eau. Il me vendit aimablement sa corne, qu'il avait fabriquée avec du kelp séché, pour quarante rands (cinq euros). C'est lui qui me recommanda l'excursion sur le *Shark Lady*.

– Gardez bien les doigts à l'intérieur de la cage, me conseilla-t-il en prenant solennellement congé.

Comme Brian adore ses baleines et préférerait connaître le destin de Jonas plutôt que les voir en péril, je m'abstins de lui demander ce qu'il pensait de l'affaiblissement du champ magnétique guidant ces grands mammifères marins dans leurs voyages depuis l'Antarctique jusqu'à Hermanus. Je réservais cette question au Dr Pieter Kotze, l'un des géophysiciens que j'étais venu voir.

Pieter Kotze est un homme calme qui s'attend à vivre une longue et paisible existence. Quand je le retrouvai à l'Observatoire magnétique, domaine verdoyant situé sur une colline dominant la baie, il me fit aimablement visiter les petits laboratoires remplis d'ordinateurs dernier cri qui analysent les données transmises par les sondes électromagnétiques enfouies profondément dans le sol : le champ magnétique de la Terre est dû à la rotation de son cœur composé de fer en fusion. Kotze me demanda si j'avais des enfants et leur date de naissance. Puis il s'éclipsa avant de revenir avec des sorties imprimante évoquant un sismographe, montrant comment le champ magnétique s'était comporté à la naissance de chacun de mes rejetons.

Kotze a relevé avec soin la dégradation récente du champ magnétique protecteur terrestre. Après la visite, il récapitula patiemment ce que cela impliquait.

Nous ne pouvons échapper à la loi de la gravité, et tant mieux, sinon nous serions expulsés de la surface de la Terre. Pas plus que nous ne pouvons échapper aux lois qui gouvernent l'électricité et le magnétisme. Mais aucune loi n'énonce que la Terre doit posséder un champ magnétique qui nous protège de l'excès de radiations de protons et d'électrons en provenance du Soleil, capable de déclencher une épidémie de cancers chez les humains et bien d'autres espèces, déréglant alors toute la chaîne alimentaire. Cette surabondance de radiations bloquerait également les rayons cosmiques, ces particules et ondes hautement énergisées qui proviennent du fin fond de l'espace et auxquelles les scientifiques attribuent à présent la formation des nuages sur la Terre. Les nuages, en particulier ceux de basse altitude, font écran aux rayons infrarouges – la chaleur – du Soleil et maintiennent donc une température raisonnable sur la planète.

Le champ magnétique terrestre dévie les radiations solaires en une ceinture qui tourne sans danger dans les couches les plus élevées de l'atmosphère. Aucune de nos planètes voisines ne possède un champ magnétique aussi puissant. Or il semblerait qu'il soit en train de s'inverser et peut-être de diminuer, au point de n'offrir qu'une résistance faible, voire nulle, aux agressions du Soleil.

Le champ magnétique terrestre, ou magnétosphère, est généré par la rotation du cœur de la planète, mélange de fer solide et en fusion qui agit comme une dynamo de la taille de la Lune, produisant un champ électromagnétique gigantesque qui sort des pôles, jaillit très haut dans l'atmosphère et se rassemble dans un schéma semblable à la limaille de fer sur un aimant. Kotze m'explique que le champ magnétique interplanétaire (CMI), principalement celui qui émane du Soleil, influence également la taille et la forme de notre magnétosphère. Tantôt le CMI énergise la magnétosphère avec un surcroît d'énergie solaire. Tantôt il exerce une pression sur le champ magnétique terrestre, en le condensant, en le déformant et même en y creusant des failles.

De notre point de vue d'humains, la fonction de la magnétosphère est avant tout d'empêcher les radiations solaires dangereuses et potentiellement mortelles d'atteindre la surface de notre planète. En réalité, cependant, il n'y a aucune raison scientifique pour que notre planète prenne des précautions pour défendre les organismes vivants qui la peuplent. On peut toujours affirmer que Dieu a ainsi veillé à protéger Sa création. Faute de dieu, attribuons à la chance le fait que la Terre soit munie d'un cœur en fusion qui, depuis cinq milliards d'années, produit un champ magnétique des milliers de fois plus puissant que celui de Mercure, Vénus et Mars. Sans lui, la vie sur Terre n'aurait probablement eu aucune possibilité d'éclore et d'évoluer.

Les lignes de la magnétosphère terrestre déployant les radiations solaires en deux ceintures connues sous le nom de Ceintures de Van Allen ont été découvertes en 1958 lors des missions en haute atmosphère d'Explorer I et II sous la direction du désormais légendaire James A. Van Allen. Elles sont larges, situées à une altitude comprise entre dix et soixante mille kilomètres, et au plus dense vers quinze mille kilomètres. La ceinture intérieure est composée principalement de protons et l'extérieure d'électrons. Lorsqu'elles atteignent leur limite de capacité, des radiations sont expulsées et frappent la haute atmosphère, où elles déclenchent un phénomène de fluorescence qui provoque les aurores polaires. Comme les ceintures de Van Allen sont dangereuses pour les astronautes qui les traversent, ainsi que pour les satellites, quelques farfelus ont proposé de les drainer. Voilà qui ne sera pas nécessaire si la magnétosphère cesse de fonctionner d'elle-même. Le problème, évidemment, c'est qu'en pareil cas ce ne seront plus seulement les astronautes qui auront à craindre les radiations mortelles.

Fusion, un film catastrophe hollywoodien, que Kotze a apprécié mais qu'il considère comme extravagant au plan scientifique, ambitionnait de dépeindre ce qui se produirait si le cœur de la Terre cessait de tourner comme une dynamo et d'engendrer le champ électromagnétique de la planète. Évidemment, pour que le cœur cesse sa rotation, la Terre devrait cesser de tourner sur son axe, ce qui aurait des conséquences encore plus dramatiques, comme la disparition de l'alternance jour/nuit. Comme la Lune, une face de la Terre serait en permanence sous le feu du soleil, pendant que l'autre grelotterait dans des ténèbres éternelles. Mais le film avait cependant le mérite de souligner le caractère vital du champ magnétique et le risque qu'il semble courir.

Pour quelle raison ? Les scientifiques n'en ont pas la moindre idée. Les hypothèses vont de turbulences dans le CMI jusqu'à des fluctuations chaotiques dans la dynamique des fluides du cœur en fusion de notre planète. Il peut s'agir d'un pur hasard ou d'un phénomène cyclique. Cependant, Kotze confirme que cela s'est déjà produit dans le passé.

Beaucoup se demandent si la diminution du champ magnétique signifie que les pôles sont sur le point de s'inverser. Les boussoles qui indiquent le nord viseraient alors le sud. La première étape d'une inversion des pôles est l'affaiblissement du champ magnétique en général, tel que nous le vivons actuellement. Imaginez un sumo clouant au sol un autre sumo. Avant que le second puisse retourner la situation et se retrouver sur son adversaire, ils se débattraient et s'agiteraient. Et durant un moment, ils seraient côte à côte avant d'avoir échangé leurs positions. La même chose se produit pour l'inversion des pôles, sauf qu'au lieu de prendre quelques minutes le processus durerait des centaines d'années, pendant lesquelles la Terre aurait de multiples pôles magnétiques et où les boussoles indiqueraient toutes sortes de directions. Les oiseaux seraient perdus et les requins comme mon grand blanc erreraient dans les flots. Grenouilles, tortues et saumons seraient incapables de retourner sur leur lieu de naissance pour s'accoupler et pondre, et des aurores polaires illumineraient l'équateur. Selon toute probabilité, le climat se détraquerait sous l'influence d'un réseau de méridiens magnétiques jouant avec la force et la direction des tempêtes, tornades et autres orages électriques.

L'analyse de carottes de glace et de sédiments provenant du fond des océans met en évidence au moins une précédente inversion des pôles il y a 730 000 ans. À cette profondeur des annales géologiques, on a retrouvé des roches magnétiques qui devraient être orientées vers le nord alors qu'elles le sont vers le sud et inversement. Échelonnés sur les 1 000 années suivantes environ, des spécimens magnétiques orientés dans toutes les directions ont été découverts, qui précèdent des roches alignées selon le schéma nord-sud.

* * *

« En ce qui concerne les changements physiques, une fois de plus, la Terre se disloquera dans la portion occidentale de l'Amérique. La plus grande partie du Japon sombrera dans la mer. Le nord de l'Europe changera en un clin d'œil. Des terres émergeront à l'est du continent américain. Il se produira dans l'Arctique et l'Antarctique des soulèvements qui provoqueront des éruptions dans les régions chaudes *et nous assisterons ensuite à une inversion des pôles où les zones froides ou semi-tropicales deviendront tropicales et où des mousses et fougères commenceront à pousser.* » (Edgar Cayce, Lecture 3976-15, 19 janvier 1934.)

Cette « lecture », l'une des 14 000 qu'il prononça en « état d'autohypnose », aurait été dictée à Edgar Cayce (1877-1945) par l'archange Halaliel, ennemi de Satan et compagnon du Christ. Certes, les prophéties les plus dramatiques du célèbre médium américain ne se sont pas encore accomplies et, plaise à Dieu, ne s'accompliront jamais. Reste que l'inversion des pôles et le réchauffement planétaire sont réellement en train de se produire. Dès lors, on s'interroge : comment Cayce, allongé dans son lit à New York dans les années 1930, savait-il ce que nos meilleurs et plus brillants scientifiques, avec leur technologie de pointe, commencent seulement à entrevoir ?

Peut-être est-ce simplement la loi des moyennes. Prédisez quantité de catastrophes et il y a de fortes chances que certaines se produisent. Mais que disent précisément les scientifiques ?

Sur les *Hutton Commentaries*, site web remarquablement fourni, le géologue William Hutton avance que même de petits déplacements des pôles magnétiques peuvent avoir des conséquences graves. Deux scénarios se présentent.

« Dans le premier mécanisme, toutes les couches de la Terre restent solidaires et le globe s'incline sur son axe par rapport au plan de l'orbite solaire de la Terre », écrit-il. Dans ce cas de figure, les pôles sud et nord ne se déplacent que par rapport à la position des étoiles fixes. Cela ne produirait aucun bouleversement sismique ou volcanique, puisque la croûte, le manteau et le cœur terrestres ne se déplacent pas les uns par rapport aux autres. Malheureusement, ce n'est pas le type de déplacement que nous subissons actuellement, ajoute Hutton, puisque le seul mouvement des pôles par rapport à la Terre serait dû, dans cette hypothèse, à la très lente dérive des continents, millimètre par millimètre.

Or, selon Hutton, nous subissons ce que l'on appelle un mécanisme de « glissement du manteau », dans lequel le manteau de la Terre et sa croûte se déplacent sur le cœur liquide ou sur la surface malléable qui le recouvre. Ce processus pourrait causer le syndrome du « pôle baladeur » observé avec une certaine inquiétude depuis dix ans.

« Ce type de déplacement du manteau entraîne un début de déplacement de l'équateur à la surface de la Terre. À son tour, ce déplacement de l'équateur entraîne dans les régions affectées des changements des forces centrifuges et de niveau de la mer. Cela conduit à de nouvelles répartitions des terres émergées et immergées, et à des mouvements tectoniques de la croûte. » Ces mouvements, selon Hutton, pourraient présager le genre de calamités sismiques et volcaniques « prédites » par Cayce.

Kotze, le géophysicien sud-africain, doute de l'imminence d'une inversion des pôles. Tout comme Jeremy Bloxham, de l'université d'Harvard, qui pense que le processus peut prendre au moins un millénaire. Cependant, Bloxham souligne que l'affaiblissement du champ magnétique, même sans être suivi d'une inversion complète des pôles, en diminuera l'effet protecteur. Nous serons beaucoup plus vulnérables aux radiations qui bombardent constamment notre planète depuis l'espace – à l'image du vaisseau *Enterprise* lorsque ses « boucliers » étaient en panne. L'*Enterprise* et son équipage échappaient toujours à l'issue fatale, parce que c'est ainsi que vont les choses à la télévision. En revanche, la Terre et ses habitants sont loin d'être assurés d'un dénouement aussi heureux.

Trous

L'Agence spatiale européenne s'apprête à lancer Swarm, un trio de satellites chargé d'étudier en détail les déchirures que subira le champ magnétique de la

Terre entre 2009 et 2015. D'aucuns diraient qu'il est sans doute trop tard pour bien faire.

La plus grande faille, de la taille de la Californie, connue sous le nom d'« anomalie de l'Atlantique sud », se situe au-dessus de l'océan entre le Brésil et l'Afrique du Sud. Il s'agit d'une brèche béante dans notre armure contre les radiations solaires et cosmiques. Nombre de satellites traversant cette anomalie ont déjà été endommagés par les vents solaires pénétrant le champ magnétique affaibli, y compris – ironie du sort – un satellite danois lancé pour mesurer le champ magnétique terrestre.

« Plus la civilisation est avancée, plus elle est vulnérable à ce qui vient de l'espace », déclare Kotze, qui se montre particulièrement inquiet pour les vastes réseaux qui alimentent le monde en électricité. Ces réseaux sont très sensibles aux orages solaires, en particulier lorsque ceux-ci traversent l'anomalie de l'Atlantique sud, ce qui est régulièrement le cas. Les pannes générales sont toujours gênantes, et dans des pays comme l'Afrique du Sud, où le taux de criminalité est élevé, elles constituent une menace pour l'ordre social.

Fait troublant : l'anomalie de l'Atlantique sud se situe à proximité du trou dans la couche d'ozone au-dessus de l'Antarctique. Il se pourrait bien que ces deux phénomènes soient liés : l'affaiblissement du champ magnétique terrestre pourrait être la cause de celui de la couche d'ozone. Kotze explique que lorsque les radiations protoniques solaires pénètrent le champ magnétique terrestre, elles affectent la chimie de l'atmosphère : la température monte et le niveau d'ozone stratosphérique chute.

Il est utile de faire ici un point historique sur la controverse de la couche d'ozone. Au milieu des années 1970, un chimiste anglais spécialiste de l'atmosphère, James Lovelock, inventa le détecteur à capture d'électrons (ECD), une chambre d'ionisation radioactive miniature capable de détecter des gaz ionisés en quantités infimes. Il fit l'aller-retour par mer avec son précieux appareil entre l'Angleterre et l'Antarctique en analysant l'air sur le trajet. À chaque point, même à des milliers de kilomètres au large, il détecta des molécules de chlorofluorocarbone (CFC). C'était étrange, car ces gaz sont de fabrication humaine. Apparemment, les CFC ne se décomposent jamais. Lovelock publia ses résultats dans *Nature*, sans se douter de l'impact que pouvaient avoir ces aérosols.

Plus tard la même année, Ralph Cicerone et son confrère Richard Stolarski, du NCAR, le Centre national pour la recherche atmosphérique de Boulder, dans le Colorado, attira l'attention de la communauté scientifique internationale sur la destruction de l'ozone par le chlore, et démontra qu'un seul ion de chlore pouvait s'insinuer dans des centaines de milliers de molécules d'ozone, assez longtemps pour en briser les liaisons par catalyse. En 1974, F. Sherwood Rowland et Mario Molina, de l'université de Californie, démontrèrent que les CFC transportaient le chlore jusque dans la stratosphère et représentaient en conséquence une grave menace pour la couche d'ozone. Rowland et Molina définirent la séquence de réactions du mécanisme destructeur des CFC et reçurent pour leurs travaux le prix Nobel de chimie en 1995, partagé avec l'Allemand Paul Crutzen, de l'Institut Max-Planck.

La diminution de la couche d'ozone rend l'atmosphère plus perméable aux rayons ultraviolets. L'augmentation des radiations UV atteignant la surface de la Terre est donc fonction de l'affaiblissement des défenses de l'atmosphère, causé par les gaz de fabrication humaine. À l'approche de la recrudescence d'activité solaire prévue pour 2012, l'impact de ces UV se déversant par les trous du champ magnétique sur notre planète a de quoi faire frémir.

Comme le savent désormais la plupart des amateurs de soleil, les rayons ultraviolets se divisent en deux catégories principales : les UVA « doux », qui ne brûlent pas la peau, et les UVB « durs » qui la brûlent. L'exposition accrue aux UVB a augmenté l'incidence de problèmes dermatologiques, allant du coup de soleil au mélanome, et également de certains troubles oculaires. Les risques pour la santé sont considérables : désormais le Soleil ne doit plus être vénéré, mais craint. Rideau sur l'époque, inaugurée dans les années 1920, du hâle synonyme de bien-être.

De nos jours, on brûle plus vite que jamais, parce que de plus en plus de rayons cosmiques pénètrent le bouclier magnétique terrestre, séparant les molécules d'ozone comme le font les atomes de chlore, en brisant les liaisons entre les atomes d'oxygène. Le lien entre l'affaiblissement du champ magnétique et la diminution de la couche d'ozone est évident. Pourtant, rares ou inexistants sont les colloques rassemblant spécialistes de la couche d'ozone et spécialistes du champ magnétique.

Carlos Barrios avait son opinion sur l'affaiblissement du champ magnétique. J'ai demandé au chamane maya s'il ne lui semblait pas suicidaire que la Terre baisse ainsi sa garde face à son ardent compagnon, le Soleil. Barrios m'a regardé avec l'expression de pitié blasée que l'on réserve aux naïfs indécrottables.

– Vous avez déjà eu une mycose ? a-t-il demandé.

Jamais, mais je connaissais des gens qui en avaient eu : démangeaisons, odeurs, horribles taches rouges.

– Vous voulez dire que nous sommes les mycoses de la Terre ?

Carlos a hoché la tête, puis il a ajouté :

– Le traitement contre les mycoses, c'est de s'exposer au soleil.

– 4 –

FEUX DE L'ENFER

Alors que le bateau oscillait sur les vagues dans le port d'Heimaey, dans le sud-ouest de l'Islande, Hjalli, le capitaine, implorait la miséricorde divine depuis vingt minutes. Nous étions sur le point de mettre le cap pour Surtsey, la plus jeune île du monde, baptisée d'après Surt, géant de la mythologie islandaise chargé d'entretenir les feux de l'enfer. Quand Surtsey a émergé le 14 novembre 1963, l'océan bouillonnait. L'équipage d'un bateau de pêche croisant dans la zone, trop occupé à ramener ses filets, ne remarqua rien jusqu'au moment où une énorme colonne noire émergea des eaux à la proue, bloquant l'horizon. Quatre années d'éruptions volcaniques successives ont formé cette petite masse d'un peu plus d'un kilomètre carré qui refuse de sombrer sous la mer, malgré les vents qui l'assaillent, plus de deux cents jours de grain annuels et des vagues allant jusqu'à vingt-cinq mètres de hauteur.

Dès sa naissance, Surtsey fut classée réserve écologique, interdite aux touristes et dépourvue de la moindre structure permanente, pas même un quai ou un point d'ancrage artificiel. Il m'a fallu un an pour obtenir toutes les autorisations de visite, et ce après avoir été personnellement invité par la présidente islandaise, Vigdis Finnboggadottir. Lorsque Hjalli eut terminé ses prières et soufflé dans sa corne pour annoncer à l'archange Gabriel que nous allions peut-être bientôt venir le retrouver, je me demandai à haute voix s'il ne valait pas mieux nous contenter de tourner un peu dans le port et conclure unanimement que l'équipée à Surtsey avait été sensationnelle.

J'étais censé écrire un article concernant le développement de l'écosystème de Surtsey et raconter comment la vie avait pu éclore d'un bloc de lave fumante entouré d'eau salée. En gros, c'est grâce aux fientes des oiseaux qui fournissent un terrain fertile aux graines portées par le vent ou les vagues. Le caquillier édentulé (*Cakile edentula*), une succulente crucifère vivace à fleurs blanc et jaune, est généralement la première à coloniser les terres, car sa structure ramifiée emprisonne le sable dont les racines ont besoin pour s'amarrer face aux violents vents marins. Tout cela était fort intéressant, mais de là à risquer sa vie en mer...

Snorri, le naturaliste que l'on m'avait envoyé pour me servir de guide, confirma que Hjalli était le seul capitaine suffisamment expérimenté pour accoster sain et sauf sur Surtsey et me conseilla d'occulter le fait que sa précédente embarcation s'était fracassée sur la côte hérissée de rochers. De toute façon, ajouta-t-il en bon fondamentaliste chrétien, la vie qui nous attend dans l'au-delà est réputée meilleure qu'ici-bas.

Ce voyage à Surtsey en 1993 se révéla un après-midi inoubliable à glisser sur des langues de lave aussi longues que les escaliers roulants du métro londonien, à descendre dans d'immenses cratères en forme de vagins et à gambader dans la mousse luxuriante tout en se réchauffant les mains sur les fissures exhalant une vapeur sulfurée.

Après avoir évité un corbeau à l'envergure aussi large que la mienne, Snorri me demanda si j'avais faim et gloussa – ce devait être une bonne blague que mon taxi rasta aurait comprise tout de suite : Jah, je le sais désormais, est le diminutif de Elijah, version anglaise d'Élie, prophète du Premier Livre des Rois de l'Ancien Testament, auquel Snorri faisait référence. Sous le règne du cruel roi Achab, les Hébreux s'étaient détournés de leur Dieu, qui avait décidé de punir la terre d'Israël en lui faisant subir trois ans et demi d'une terrible sécheresse. Dieu ordonna à Élie d'instruire Achab de l'imminence du fléau, puis de fuir le courroux du souverain en se cachant au ruisseau de Kherith, où des corbeaux l'aidèrent à subsister en lui apportant à manger.

C'est seulement lorsque je rencontrai les frères Barrios au Guatemala douze ans plus tard que je compris l'importance de ce voyage : à Surtsey, j'avais vu pour la première fois à quoi pourrait ressembler notre avenir : un désert post-volcanique. Un tel cataclysme pourrait bien se produire, alors que le Yellowstone, l'un des plus grands supervolcans du monde, s'apprête à entrer en éruption.

Quand le Yellowstone explose

Que ressentiriez-vous si le Yellowstone, le premier, le plus célèbre et le plus fascinant parc national américain entrait en éruption ? À vrai dire, asphyxié par le soufre qui brûlerait vos poumons, vous n'auriez pas vraiment le temps d'y penser.

La question n'est pas de savoir *si* cette catastrophe va se produire. Pour ce qui est de savoir *quand*, le réveil du plateau volcanique n'est pas « programmé » : le fait est qu'il pourrait exploser à tout moment, remplir l'atmosphère d'acide sulfurique et de cendres, et plonger la planète dans un « hiver nucléaire ».

Le scénario du Yellowstone ressemble beaucoup à celui envisagé par Carl Sagan à la fin des années 1970. L'éruption créerait une série de cercles concentriques analogues à ceux de l'enfer de Dante. Le site de l'explosion, ou « point zéro », serait bien sûr calciné et toute vie y serait anéantie. Une grande partie du Montana et du Wyoming ressemblerait à Surtsey : un tas de décombres noircis attendant les fientes d'oiseaux. Le supervolcan se dressant sur d'énormes réserves d'uranium, le cercle suivant serait empoisonné pas les retombées radioactives que les vents déposeraient sur des milliers de kilomètres à la ronde, contaminant mortellement êtres humains et animaux. Le cancer de la thyroïde serait le premier à se déclarer.

Ces conséquences, si dramatiques qu'elles paraissent, ne seraient pourtant rien en comparaison des effets du nuage de cendres dispersé au-dessus de l'Amérique du Nord par les vents d'ouest. La cendre rendrait l'air irrespirable, et, à long terme, occulterait la lumière solaire et ferait chuter la température, entraînant l'effondrement de l'agriculture et de l'économie. L'hémisphère nord, où se situent environ 65 % des terres émergées et de la population, serait livré à la famine et au chaos.

Le Yellowstone a connu au moins cent éruptions importantes, dont trois record. La première s'est produite il y a 2 millions d'années, la suivante il y a 1,3 million d'années. D'après un article de *Nature* du 2 mars 2006, intitulé « Soulèvement, activité thermale et intrusion magmatique de la caldera du Yellowstone », la plus récente éruption à grande échelle du supervolcan serait survenue il y a environ 640 000 ans, crachant mille kilomètres cubes de cendres dans l'atmosphère – une quantité suffisante pour ensevelir les États-Unis sous un mètre de sédiments. Voilà qui suffirait à bloquer totalement le rayonnement solaire pendant une décennie.

Un calcul simple permet de déduire une périodicité de six à sept cent mille ans séparant les éruptions du Yellowstone. En d'autres termes, chronologiquement parlant, la prochaine nous guette.

Invité dans un documentaire de BBC Horizon, le professeur Robert Christiansen, de l'Institut géologique américain, déclarait avoir découvert de nombreuses roches composées de cendres comprimées lors de ses visites sur le site ; mais, pendant des années, il n'avait jamais pu trouver la preuve de l'existence du volcan qui les avait crachées. Il s'était consolé en se disant qu'il devait être minuscule. Cette idée fut pulvérisée en 1993, quand la Nasa, testant un équipement photographique infrarouge destiné à sonder la Lune, prit des clichés de la signature calorique du Yellowstone et révéla la plus grande caldera jamais observée. Les calderas (« chaudron », en latin) sont de vastes dépressions souterraines contenant du magma, un mélange de roches solides et liquides et de gaz volcaniques hautement combustibles. La caldera du Yellowstone est d'une taille appréciable : entre quarante et cinquante kilomètres de long sur vingt de large, le cœur en fusion du parc Yellowstone équivaut à la superficie de la ville de Tokyo.

À la suite de cette découverte, des sondages géologiques révélèrent que la caldera s'était élevée de soixante-quinze centimètres depuis 1922 en se remplissant de magma, et qu'elle était prête à exploser. Comparé au millimètre par siècle de la dérive continentale ou à l'imperceptible érosion des montagnes, un tel changement est pour le moins brutal.

Comme le rapporte Robert B. Smith, géologue et géophysicien de l'université de l'Utah, la déformation topographique du site est si prononcée que le lac Yellowstone, situé au sommet de la caldera, s'est incliné sous le gonflement du terrain. L'eau s'écoule à l'extrémité sud, inondant des arbres qui poussaient sur le bord il y a quelques années.

« Une éruption du supervolcan serait dévastatrice à une échelle que nous n'avons probablement jamais envisagée », déclare le scientifique. On estime la puissance de l'explosion à l'équivalent de mille bombes du type Hiroshima. Par seconde. Par minute, cela équivaudrait en gros à l'énergie totale dégagée au cours de toutes les guerres jamais menées.

« J'ignore ce que nous pourrions faire, à part nous réfugier sous terre », déclare Steve Sparks, professeur de géologie à l'université de Bristol.

Les supervolcans sont très différents des cônes volcaniques que nous connaissons tous. Ce sont des dépressions dans le sol, allant de plusieurs centaines à plusieurs milliers de kilomètres de profondeur, généralement composés d'un réseau complexe de canaux et affluents dans lesquels s'écoule le magma. La communauté scientifique ne s'accorde pas sur la manière dont fonctionne la structure profonde des supervolcans. On soupçonne qu'elle véhicule le magma depuis les profondeurs du manteau, cette épaisse couche visqueuse entre la croûte et le cœur qui compose la majeure partie du volume de la planète.

Les supervolcans sont bien entendu beaucoup plus puissants que les volcans ordinaires. Par définition, ils sont de degré 8 sur l'échelle d'indice d'explosivité volcanique (VEI) qui en compte 8. Comme l'échelle de Richter pour les séismes, le VEI est logarithmique, ce qui signifie que chaque degré indique une déflagration dix fois plus élevée que le précédent. L'éruption du mont Saint-Helens, considérée comme énorme, avait un VEI 5.

La planète compte d'autres supervolcans : la caldera Kikai, dans les îles Ryükyü, au Japon ; la caldera de Long Valley en Californie ; la Garita Caldera du Colorado ; les Champs Phlégréens de Campanie, en Italie. Une éruption de supervolcan qui s'est produite au lac Taupo, en Nouvelle-Zélande, en l'an 186 de notre ère, a dévasté l'île du nord du pays. En comparaison d'une éruption du Yellowstone, ce n'était qu'un petit pétard.

Pour comprendre comment fonctionnent les super-volcans, imaginez un abcès qui grossit sous votre peau tout en se déplaçant et en diffusant dans le derme un pus brûlant. En termes géologiques, cet abcès se nomme « point chaud » et, en réalité, c'est la peau – la croûte – de la Terre qui se déplace par-dessus. Dans *Fenêtres sur les profondeurs de la Terre : l'histoire géologique des parcs nationaux de Yellowstone et Grand Teton*, Robert Smith et son coauteur Lee J. Siegel expliquent que la plupart des points chauds sont des « colonnes ou panaches de roche en fusion qui prennent naissance à près de trois mille kilomètres sous le sol, à la frontière entre le cœur et le manteau inférieur de la Terre, puis s'élèvent [car la chaleur s'élève] à travers tout le manteau et la croûte ».

Les points chauds sont typiquement situés aux frontières entre les plaques tectoniques qui flottent sur des océans de roche en fusion. Ils ont tendance à se trouver sur le fond marin, puisque la majeure partie de la planète est recouverte d'eau. La masse en fusion de ces points chauds se compose essentiellement de basalte, qui a tendance à s'écouler plutôt qu'à exploser.

« Sur les trente points chauds actifs de la Terre, presque tous, à l'exception du Yellowstone, sont situés sous l'océan ou en bordure des côtes, ou sur d'autres frontières entre les plaques tectoniques. Les plus connus de ces autres points chauds sont ceux qui ont donné naissance à l'Islande [y compris à l'île de Surtsey], à l'archipel d'Hawaii et aux Galápagos », écrivent Smith et Siegel.

Le Yellowstone, en revanche, se trouve juste au milieu du continent nord-américain. Il est assez loin de tout océan ou limite de plaque – la plus proche se situant à peu près sur la côte Pacifique. Et le point chaud du Yellowstone ne descend pas aussi profond que les autres. Selon les estimations actuelles, il atteint seulement deux cents kilomètres, soit moins du dixième de la normale. Donc l'énergie ne naît pas du cœur en fusion de la Terre. Elle semble plutôt provenir de la chaleur produite par la dégradation des énormes quantités d'uranium et autres éléments radioactifs contenus dans la région, chaleur qui fait ensuite fondre le basalte riche en fer, dont de grosses masses visqueuses apparaissent régulièrement au sommet.

« Les blocs de basalte en fusion chauffent la roche située au-dessus, créant une chambre de magma dans laquelle du granite riche en silice fond partiellement, formant lors des éruptions une roche appelée rhyolite... Comme la rhyolite en fusion est épaisse et visqueuse, les grandes éruptions du Yellowstone ont été explosives, contrairement aux éruptions de basalte, qui s'écoule plus doucement des points chauds océaniques [comme Surtsey] », écrivent Smith et Siegel.

Le point chaud du Yellowstone se serait formé il y a 16,5 millions d'années, aux frontières de l'Oregon, du Nevada et de l'Idaho. On estime qu'il a connu depuis plusieurs dizaines d'éruptions, chacune dévastant toute vie existant à l'époque.

Une illustration macabre de l'œuvre du Yellowstone fut découverte par le Pr Michael Voorhies, de l'université du Nebraska. Après de fortes pluies, il s'est rendu dans la petite ville d'Orchard, dans le Nebraska, pour chercher des fossiles. Il découvrit des centaines de squelettes de rhinocéros, chameaux, chevaux, lézards et tortues, fauchés subitement dix millions d'années plus tôt, certainement à la suite d'une éruption du Yellowstone. Ils étaient recouverts d'une pellicule blanche, preuve que les animaux étaient morts d'un mal voisin de la maladie de Marie, affection pulmonaire très probablement causée par l'inhalation de cendres volcaniques.

Lentement, mais sûrement, le point chaud meurtrier s'est déplacé de huit cents kilomètres vers le nord-est, pour aboutir à sa localisation actuelle au nord-ouest du Wyoming, où la caldera forme à présent le cœur en fusion du parc national de Yellowstone. Comme tout abcès que l'on gratte, il finira par se percer et se vider. Une fois vide, il se calmera et se remplira lentement durant les six cent mille années suivantes, et explosera de nouveau. Aucune date n'est prévue : juste un moment de « maturité » optimale.

On trouve régulièrement sur Internet des informations rapportant des fermetures de pistes inopinées, des patrouilles soudaines de la police, des découvertes de détecteurs de chaleur et de sismographes ou autres preuves d'un déploiement de vigilance, qui contrastent singulièrement avec la posture officielle affectant la sérénité. Un regain d'activité sismique serait l'indice d'une éruption imminente : des dizaines de sismographes ont été installés dans les environs du parc, pour relayer le plus tôt possible la mauvaise nouvelle. Légers séismes, modification de la composition chimique de la lave, fissures : ce sont là tous les signes potentiels d'une éruption prochaine. Une augmentation rapide et sensible du niveau de la caldera et son gonflement, sous la pression des gaz et du magma, seraient une preuve indiscutable.

Comme l'ont découvert les producteurs du documentaire de la BBC, pour des raisons inconnues, la plupart de ces informations ne sont toutefois pas portées à la connaissance du grand public. Par exemple, les nombreux rapports sur le gonflement de trente mètres du fond du lac Yellowstone, un lac de haute montagne normalement froid dont la température aurait atteint 26 °C, n'ont été ni confirmés ni infirmés par les autorités du parc. Nous sommes donc forcés de nous fonder sur des sources officieuses. Selon Bennie LeBeau, membre de la nation Shoshone du Wyoming, plusieurs cheminées de vapeur se sont formées le long du bassin du geyser Norris, où la température du sol a presque atteint les 93 °C en 2003, date à laquelle les cinq cents kilomètres carrés du bassin ont été fermés aux touristes.

Si le gouvernement se montre soucieux d'éviter tout mouvement de panique et estime de son devoir de veiller à la sécurité de chacun, il n'en demeure pas moins que l'éruption pourrait se produire avant que quiconque soit averti : « La seule conclusion raisonnable lorsqu'on étudie l'environnement actuel de la caldera du Yellowstone, c'est qu'il n'y a pour l'heure aucune manière de prévoir précisément le moment de son éruption », écrit Timothy B. Trombly, vulcanologue du Southwest Volcano Research Center d'Arizona.

Alors, qu'est-ce qui pourrait faire exploser le Yellowstone ? Pour répondre à cette question, il importe de comprendre la dynamique interne de sa chambre de magma. Celle-ci se présente comme une structure en forme de banane dont le sommet se situe à environ dix kilomètres sous la surface. Comme des expéditions dans un milieu en fusion aussi explosif sont impossibles, même pour les sondes robots, la meilleure information sur le sujet provient des données historiques sur des explosions du même type.

La plus récente éruption d'un supervolcan similaire s'est produite à Santorin, en Grèce, il y a 3 500 ans. Quoique d'une échelle bien moindre que ne le serait celle du Yellowstone, nous pouvons en tirer quelques enseignements. Selon Steve Sparks, de l'université anglaise de Bristol, l'éruption de Santorin a projeté à une vitesse supersonique des blocs de roches dans un rayon de deux mètres à sept kilomètres au moins à la ronde. Les études ont révélé que l'intérieur de la caldera de Santorin recelait une grande quantité de magma liquide dans lequel étaient dissous des gaz volcaniques hautement volatils. À partir d'une modélisation de la caldera, Sparks et son équipe ont découvert qu'au moment de l'ouverture du sommet de la chambre – ce qui se produit lors d'une éruption – une brusque dépressurisation à l'intérieur a conduit les gaz dissous à se détendre et exploser violemment, projetant le magma dans les airs.

Sparks a ainsi démontré que la caldera d'un supervolcan, remplie de magma liquide, n'agit pas comme un ballon rempli d'eau, qui laisserait lentement suinter son contenu par une ouverture, mais plutôt comme un ballon gonflé de gaz, qui explose à la moindre piqûre. Cette découverte est une mauvaise nouvelle, car la mesure pratique la plus évidente pour empêcher ou retarder une éruption du Yellowstone – percer un trou dans la caldera pour laisser échapper une partie de la pression – aurait précisément l'effet opposé : elle déclencherait l'éruption.

Ce scénario pourrait d'ailleurs donner des idées à certains. Un message accompagnant les attentats d'al-Qaida à Madrid, le 11 mars 2004, faisait allusion au « vent noir de la mort » qui s'abattra sur l'Amérique. Une rumeur glaçante affirme que le projet du groupe terroriste consisterait à introduire un engin thermonucléaire dans la caldera du Yellowstone, déclenchant l'éruption qui remplirait l'atmosphère de cendres et ensevelirait la plus grande partie du Grand Satan dans les oubliettes de l'histoire.

Comme il semble n'exister aucune façon d'enrayer le mécanisme éruptif du supervolcan, nous ne pouvons nous en remettre qu'à des mesures réactives plus que préventives. Un système d'alerte a déjà été installé, avec un réseau de sondes thermiques et de sismographes. On ignore cependant où aboutissent les données et qui prend les décisions qui en découlent. À chaque échelon, du régional au fédéral, les autorités surveillent la situation du Yellowstone, à la fois en guettant toute velléité terroriste et en se préparant à réagir aux calamités naturelles. Du moins était-ce ce que l'on pensait avant que la BBC ne se penche sur la question en mars 2000.

Avec le style éminemment factuel et pondéré qui caractérise la chaîne anglaise depuis toujours, un groupe de scientifiques qui étudie le Yellowstone depuis des années exposa ses conclusions, qui reçurent un accueil poli. La direction de la BBC décida donc d'en rajouter une couche et, en mars 2005, présenta un docu-fiction de quatre heures en deux parties, diffusé par la suite à la télévision américaine, dépeignant l'impact potentiel d'une éruption du Yellowstone. Parmi les effets tragiques à craindre, l'interruption prolongée des moussons asiatiques plongerait la région la plus peuplée du monde dans la famine et les maladies.

Les producteurs de ce docu-fiction et les scientifiques qui lui avaient apporté leur caution présentèrent ensuite un récapitulatif de leurs conclusions à l'Agence fédérale de gestion des crises (FEMA), à Washington. La FEMA accusa réception, et un porte-parole avoua qu'à l'heure actuelle aucun dispositif n'était au point pour faire face à une telle catastrophe. Plusieurs mois après, les États-Unis étaient frappés par les ouragans meurtriers Katrina, Rita et Wilma, et la FEMA se retrouva avec beaucoup de travail sur les bras.

Le rapport de la BBC fut sans doute dûment classé, peut-être à côté du gros dossier sur la Long Valley de Californie, caldera que l'Institut géologique américain décrit comme « agité » et « en regain d'activité ». Survenue il y a 760 000 ans lorsqu'un supervolcan cracha 625 kilomètres cubes de magma recouvrant de cendres une grande partie du centre de la Californie jusqu'au Nebraska, l'éruption de la Long Valley était tout de même deux mille fois plus importante que celle du mont Saint-Helens, et a probablement plongé l'hémisphère nord dans un hiver volcanique. En réaction à ce que l'Institut géologique appelle par euphémisme un « regain d'activité géologique », un nouveau dispositif d'alerte a tout de même été mis en place.

L'Institut rapporte que ce regain d'activité s'est déclenché en 1978 et a connu deux ans plus tard un pic avec une vague de séismes : « La plus intense de ces vagues a commencé en mai 1980 avec notamment quatre séismes d'une magnitude de 6, dont trois se sont produits le même jour. Immédiatement après, des scientifiques de l'Institut ont entrepris d'examiner la zone de la Long Valley et détecté d'autres indices d'activité : un soulèvement de la caldera en forme de dôme. Les mesures effectuées par ces scientifiques ont montré que le centre de la caldera s'était élevé de presque 30 centimètres depuis 1979, après des décennies de stabilité. Ce gonflement continu, qui représente désormais 60 centimètres et concerne plus de 260 kilomètres carrés, est provoqué par un nouveau soulèvement du magma. »

Quelles que soient les probabilités que le Yellowstone, la Long Valley ou le lac Toba entrent en éruption de notre vivant, il faut multiplier ce chiffre par vingt ou trente pour tenir compte du nombre de supervolcans répertoriés, et encore par dix ou vingt pour inclure les autres, notamment ceux situés sous l'océan. Dès lors, l'inquiétude des scientifiques face au risque de cataclysme planétaire devient compréhensible.

Refroidisseurs de volcans

« Certains faits mettent en évidence plusieurs épisodes passés d'augmentation de l'activité volcanique dans le monde et un lien possible avec la modification du climat. Que cette modification soit une cause ou un effet de la variation du taux de volcanisme demeure une interrogation intéressante », écrit Hazel Rymer, de l'Open University du Royaume-Uni, dans *L'Encyclopédie des Volcans*.

Si, comme le suggère Rymer, le réchauffement climatique exacerbe le volcanisme, nous pouvons nous attendre à des éruptions plus nombreuses et plus importantes. Or, si l'on considère qu'en raison des cendres occultant les rayons solaires les éruptions ont pour conséquence un refroidissement de la planète, l'hypothèse s'insinue que les volcans participent d'un mécanisme thermostatique qui corrige les pics de température qui se produisent sur de longues périodes géologiques, dont peut-être celui que nous connaissons actuellement. C'est l'Hypothèse Gaia, selon laquelle, pour schématiser, la Terre se comporte plutôt comme un organisme vivant qui s'autorégule que comme un rocher sur lequel la vie serait apparue par hasard, ou une machine géologique qui fonctionnerait de manière automatique. Comme je l'ai avancé dans mon premier livre, *Gaia : le développement d'une idée*, James Lovelock et Lynn Margulis, et désormais nombre de leurs partisans, pensent que le climat de notre planète se régule de lui-même afin de maintenir des conditions propices à la vie. Non pas que la Terre agisse consciemment et déclenche ses volcans en fonction de ses besoins. Si ce mécanisme existe, il opère de manière homéostatique, un peu comme l'organisme humain qui, en état de surchauffe, se met à transpirer.

Pour prouver cette hypothèse, encore faudrait-il pouvoir montrer que le volcanisme a augmenté à mesure que le climat se réchauffait. Malheureusement, nous n'avons aucun moyen de savoir avec certitude si l'activité volcanique augmente, décroît ou se stabilise. En fait, nous ignorons jusqu'au nombre exact de volcans qu'abrite le monde. Sur plus d'un millier de volcans de surface répertoriés, 550 sont actifs (c'est-à-dire ont connu une éruption durant la période historique – les trois derniers millénaires) et un peu plus de 500 sont en sommeil (c'est-à-dire ont connu une éruption dans la période située entre la dernière période glaciaire, il y a 11 500 ans, et le début de la période historique). Quant aux volcans sous-marins, on les suppose plus nombreux, mais on ignore leur nombre précis.

On trouve sur Internet de nombreux sites anxiogènes véhiculant l'idée que les éruptions volcaniques auraient connu dernièrement une hausse vertigineuse. Cette information appelle cependant une objection d'importance : le nombre d'appareils et de systèmes de détection, depuis les sismographes jusqu'aux satellites, a augmenté exponentiellement au cours du XXe siècle. Cela ne signifie donc pas qu'il y a plus d'activité volcanique, mais simplement plus de rapports d'activité. Il en est de même pour les séismes. Il n'y a pas si longtemps, le nombre de sismographes en opération aux États-Unis était peu élevé. À présent, il y en a plus de vingt rien que dans le parc national du Yellowstone, sans parler des milliers en fonction en Californie. Le nombre de séismes détectés a considérablement augmenté, mais cela n'implique aucune tendance véritable, contrairement à ce que voudraient nous faire croire les prophètes de l'apocalypse.

Grâce à l'amélioration des systèmes de veille, nous savons à présent que la durée moyenne d'une éruption volcanique terrestre, du simple écoulement de lave aux méga-explosions, est d'environ sept semaines. Cependant, ce chiffre est loin d'être significatif : le volcan qui a donné naissance à Surtsey a craché de la lave pendant quatre ans. Le Stromboli, au large de la côte ouest de l'Italie, est en éruption continue depuis 2 500 ans. Toute tentative pour établir un lien entre le nombre d'éruptions et l'ampleur de l'activité volcanique n'a donc qu'une valeur indicative.

Les vulcanologues s'appuient donc sur une méthode de bon sens pour établir des comparaisons. Selon leur raisonnement, les éruptions de supervolcans ne peuvent pas être passées inaperçues, quelle que soit l'époque à laquelle elles se sont produites. En rassemblant les récits historiques relatant ces catastrophes et leurs conséquences, ils peuvent estimer la magnitude des éruptions passées et dégager des tendances. Le mont Saint-Helens était un VEI 5 et, à cette échelle, il entre en éruption environ tous les dix ans. D'après ces données, et pour autant que les éruptions aient été suffisamment documentées, l'activité volcanique globale est restée relativement stable. Le problème de ce système de mesure est qu'il est trop grossier pour permettre d'établir des variations régionales, car l'échantillon statistique d'éruptions majeures est trop restreint. Trois éruptions VEI 4 de plus que la moyenne annuelle en Alaska, par exemple, provoqueraient un pic dans la mesure, sans que ce soit nécessairement très significatif.

Nous sommes donc face à un dilemme. Nous pensons que le réchauffement planétaire génère davantage d'activité volcanique, mais nous n'avons pas les moyens de l'établir. Du moins pas scientifiquement.

Anne Stander, une médium qui habite dans la région de Johannesburg, en Afrique du Sud, dirige 123Alert, l'association spécialisée dans la prédiction des phénomènes sismiques et volcaniques. Cette association se prévaut d'états de service impressionnants et affirme enregistrer une recrudescence de microséismes en Californie. Anne Stander a notamment prédit l'éruption du mont Saint-Helens du 8 mars 2005, laquelle a surpris toute la communauté des géologues, puisque aucune activité sismique n'avait été détectée par leurs instruments. Or le panache de vapeur et de cendres a culminé à 10 000 mètres d'altitude.

– Helen fait beaucoup de bruit, comme un terrier. Mais c'est son époux Rainier qu'il faut surveiller, prévient Anne Stander.

Faut-il lui reprocher son anthropomorphisme à l'égard de phénomènes géologiques sans âme ? Peut-être, mais son jugement concernant Rainier est partagé par les scientifiques.

« Très récemment, nous nous sommes rendu compte que le mont Rainier représentait un danger significatif pour la population toujours plus nombreuse de la région de Seattle. Plus alarmant est le fait que des coulées de boue du mont Rainier pourraient dévaster le sud de Puget Sound *sans* éruption ni signes avant-coureurs », écrivent Tony Irving et Bill Steele, vulcanologues de l'université de Washington.

Anne Stander établit un lien entre le supervolcan de Yellowstone et les volcans des monts Saint-Helens et Rainier, bien qu'elle ne puisse dire exactement de quelle nature. Elle pense en tous les cas que les forages doivent cesser immédiatement dans la région. Pourquoi tenter le sort ? L'administration Bush a néanmoins autorisé le forage de 10 000 puits de pétrole supplémentaires dans le Yellowstone, qui en compte déjà 5 600. Tout aussi déconcertantes sont les propositions de plusieurs scientifiques de forer une douzaine de trous de 2 à 3 kilomètres dans certaines des zones sismiques les plus sensibles du parc, afin de vérifier l'hypothèse selon laquelle le point chaud du supervolcan serait alimenté par des cheminées provenant du manteau.

De manière générale, Anne Sanders prévoit une augmentation de l'activité sismique et volcanique en particulier le long de la dorsale du Pacifique, depuis l'Alaska jusqu'au Mexique. Cela devrait selon elle culminer en 2011 – un préambule à 2012.

Allumer le détonateur du volcan

Politiquement, sur l'échelle des griefs, les volcans se situent au-dessous des tremblements de terre, et nettement plus bas que les cyclones. Ainsi l'administration Bush a-t-elle été vertement blâmée de n'avoir pas su anticiper l'impact du cyclone Katrina. Si, contre toute attente, un séisme avait dévasté la Nouvelle-Orléans, le président américain aurait sans doute essuyé moins de critiques. Cependant, si la ville de San Francisco avait été rasée par un tremblement de terre, les têtes seraient également tombées à la FEMA, de la part de laquelle on attend au moins un surcroît d'attention lorsqu'il s'agit de certaines régions traditionnellement sujettes aux secousses.

En revanche, les volcans étant imprévisibles, aucun politicien n'est jamais tenu pour responsable d'avoir négligé un risque d'éruption. Pourquoi se braquer sur les volcans alors qu'il y a tant de questions plus urgentes à régler, comme la criminalité, la santé publique, la fiscalité et le reste ? Mais devant la récurrence des grondements de supervolcans, la situation critique du réchauffement climatique et notre incapacité à établir des tendances, c'est un risque qu'il faut désormais anticiper en ayant à l'esprit qu'une période de réchauffement planétaire a immédiatement précédé et peut-être même causé l'éruption cataclysmique du lac Toba de Sumatra, il y a environ 74 000 ans.

À l'époque, le supervolcan de Toba aurait projeté dans les airs 6 000 kilomètres cubes de lave, cendres et débris, remplissant l'air d'acide sulfurique, asphyxiant toute vie animale et végétale. Mais ce n'était que le début du chaos. Éruption la plus récente comparable au Yellowstone, Toba a provoqué un refroidissement de type hiver nucléaire qui a fait chuter la température sur toute la surface du globe de cinq à quinze degrés en moins d'une décennie. Un changement de climat aussi brutal anéantirait aujourd'hui toute la chaîne alimentaire. Que deviendraient par exemple les plantations d'agrumes de Méditerranée si, en quelques mois, les températures locales étaient celles de la Suède ? Une réaction en chaîne affecterait tout l'écosystème. Oiseaux et poissons se trouveraient soudain privés des plantes et algues dont dépend leur survie. Le bétail n'aurait plus de pâturages à mesure que les chutes de neige se feraient plus précoces et plus méridionales. La production de céréales, colonne vertébrale de l'agriculture (blé, maïs et seigle sont consommés en quantités énormes, autant par les humains que par leur bétail), serait presque intégralement détruite par les gels.

L'éruption du Toba fut un seuil, refroidissant le climat juste assez pour plonger dans une nouvelle ère glaciaire une planète déjà en période de refroidissement. Des carottes de glace extraites au Groenland laissent à penser que cette éruption « a été suivie d'au moins six ans d'un tel hiver volcanique, suivis à leur tour d'un millénaire de glaciation brutale », écrit Bill McGuire, vulcanologue de l'University College de Londres, dans son *Guide de la Fin du Monde*. Cette glaciation brutale a donné lieu à la période glaciaire dont, selon McGuire, la Terre n'a fini d'émerger totalement qu'il y a dix mille ans. Les températures de surface de la planète n'ont retrouvé le niveau d'avant Toba qu'au cours des cinquante dernières années.

La communauté scientifique est sur le point d'atteindre un consensus, selon lequel, à la suite de l'explosion du Toba, la population mondiale aurait connu une brusque diminution d'au moins 90 %, atteignant un total de 5 000 à 10 000 individus, niveau resté stable pendant près de vingt millénaires. En d'autres termes, notre espèce a failli s'éteindre à la suite de cette éruption. Une catastrophe similaire aujourd'hui équivaudrait à 4 à 5 milliards de victimes.

Financer des travaux de recherche sur le lien entre réchauffement planétaire et éruptions volcaniques ne semble peut-être pas être la première des priorités. Pourtant, si l'augmentation récente des températures a déclenché le compte à rebours au cœur d'un Yellowstone ou d'un Toba, mieux vaut que nous soyons au courant le plus vite possible.

– 5 –

EN TRAVERSANT L'ATITLAN

En traversant l'Atitlan, vaste lac niché au pied de trois volcans au cœur des hauts plateaux guatémaltèques, je ne cessais de me pencher par-dessus la balustrade et de m'émerveiller du bleu particulier de l'eau. Ne remarquant aucune construction aux environs de ce lac qu'Aldous Huxley tenait pour le plus beau du monde, l'agent immobilier qui est en moi faisait des calculs, jusqu'au moment où lord Byron, le jeune et volubile apprenti chamane qui me servait de guide-interprète pour la journée, me désigna un rivage portant la marque de la baisse du niveau de l'eau. Le 4 février 1976, un séisme de 7,5 fit 22 000 morts au Guatemala, un million de sans-abri et fissura le fond du lac Atitlan. Depuis, l'eau s'en échappe lentement.

Nous avons débarqué à Santiago Atitlan, l'une des plus grandes villes indigènes d'Amérique centrale : 37 000 habitants, à 95 % des Mayas Tzutuhil. L'endroit était animé et désordonné, rempli d'enfants rieurs tressautant dans des carrioles découvertes et de femmes en huipils (tissages traditionnels deux fois millénaires) multicolores portant des ballots sur leur tête. Nous avons été accueillis par Juan Manuel Mendoza, trente-deux ans, étoile montante dans la hiérarchie spirituelle maya.

Juan Manuel, lord Byron et moi avons commencé l'après-midi en rendant hommage à Maximon, le prophète, prêtre et protecteur des Indiens, qui se trouve être aussi un ivrogne invétéré et un coureur de jupons. Selon la légende, les Espagnols exécutaient Maximon à midi, mais le lendemain matin, il réapparaissait chaque fois en ville, parfois avec la gueule de bois. À Cofradia Apostol Maximon, une chapelle-magasin catholico-païenne, je plaçai un billet de vingt dollars sur la statue en bois de Maximon et bus un verre de bière à sa santé. Entre ses lèvres est perpétuellement glissée une cigarette allumée, et l'un des prêtres, dont la tâche principale consiste à secouer les cendres, profite de cet instant sacré pour faire circuler son paquet. Je tirai ma première bouffée depuis le 1er septembre 1985, 9 h 15, date à laquelle j'avais arrêté de fumer, puis m'étouffai de rire quand un couple d'Américains recula horrifié devant les cigarettes que leur tendait le religieux.

J'interrogeai Juan Manuel sur 2012. Il insista sur les points positifs :

– 2012 est une date très importante : c'est le moment où les anciens reviendront pour établir une communication entre le cœur de l'humanité et celui de la Terre. Ce sera l'avènement d'une nouvelle ère de paix, d'harmonie, d'amour et d'union. Mais en même temps, il existe une possibilité de manipulation. Le mal pénètre là où il trouve assez d'espace pour s'insinuer.

Pourquoi est-il si difficile de croire que 2012 puisse être l'aube d'une nouvelle ère ? À vrai dire, je pense qu'aucun éditeur sensé n'aurait accepté ce livre si son propos avait été d'annoncer une époque de félicité. Sommes-nous trop blasés ou trop cyniques pour croire à l'avènement d'une utopie ? Ou bien le moindre changement nous semble-t-il chargé de menaces ? La perspective de l'apocalypse 2012 sert en définitive de test de projection dans l'avenir à quiconque l'envisage. Les personnes qui ont le moins à perdre dans le bouleversement qui s'annonce sont aussi celles qui sont les plus ouvertes à ces lendemains incertains.

Retour dans la rue jusqu'aux marches de la cathédrale de Santiago, où se déroulait une messe. Nous avons jeté un coup d'œil dans un trou, appelé R'muxux Ruchiliu, « le Nombril de la Terre », creusé au centre de cet édifice du XVIe siècle. C'est la porte ouvrant sur le royaume de l'outre-monde où vivent les ancêtres sacrés. Une fois par an, au douzième coup de minuit qui annonce le Vendredi saint, un crucifix de bois est descendu par ce trou dans le sol, pour « planter » Jésus et assurer sa renaissance à Pâques.

Derrière l'autel, Juan Manuel nous montra une série de panneaux finement sculptés de symboles et d'images d'inspiration non chrétienne, dont Maximon, alias Mam, l'esprit de la mort. Le chamane expliqua que, dans la théologie traditionnelle maya, la création n'est pas un acte révolu, mais un processus continu qui doit être activement entretenu. Si les cycles sont interrompus, l'existence cessera. Le rôle de l'humanité dans ce grand ordre des choses est d'accomplir les rites et de procéder aux sacrifices nécessaires pour s'assurer que le Soleil traverse le ciel et que les saisons continuent de se succéder.

– Quand les Mayas ont besoin de pluie, nous prions pour qu'elle vienne, et tôt ou tard, elle tombe. Nous faisons notre pluie, expliqua Manuel.

Ce n'est pas exact. Les Mayas ne font pas plus leur pluie que les Anglais. Le Soleil continuerait de traverser le ciel et les saisons de se suivre, que les rites soient ou non accomplis. C'est ce que nous enseigne la science moderne et il ne s'agit pas simplement de croyances qui s'opposent, mais de faits scientifiques face à une conception erronée. Si ce livre traitait d'ethnologie, il consacrerait plus de place à l'étude des croyances et rituels mayas. Mais son objectif est autre. Pourtant, il y a quelque chose de tellement noble dans la conception indigène de partenariat écologique qu'on se sent coupable de passer si facilement outre. D'où cette interrogation : une sagesse authentique peut-elle reposer sur des faits inexacts ?

Considérons le premier chapitre de la Genèse, qui raconte comment Dieu créa le Ciel et la Terre en sept jours – récit qui, au regard de la science, est grossièrement inexact. Le modèle darwinien d'une évolution procédant de la sélection naturelle a été démontré par plus d'un siècle et demi de recherches scientifiques tandis que les preuves étayant le récit créationniste sont rares, c'est le moins qu'on puisse dire. Cela ne diminue pas pour autant le génie de la Bible, qui a su proposer, trois mille ans avant Darwin, une hypothèse pour expliquer l'apparition progressive de la vie ici-bas, depuis la formation d'une planète ardente dans les ténèbres de l'espace et l'accumulation d'eau liquide jusqu'à l'arrivée des végétaux, des animaux et de l'homme.

Tout bien considéré, au cours de vingt-huit siècles – sur trois mille ans d'histoire –, la Genèse s'est révélée moins farfelue qu'à peu près toutes les théories scientifiques qui lui ont succédé. La remarque vaut pour la prescience de la théologie maya.

J'ai demandé à Juan Manuel ce qui arriverait, selon lui, si les rituels d'adoration de la Terre cessaient. Il en resta coi. Mon guide-interprète intervint :

– Sans les rituels, la vie, ce serait comme conduire une voiture sans amortisseurs. Le trajet serait beaucoup plus cahoteux, mais on arriverait tout de même à la destination voulue. Sauf si on tombait sur un nid-de-poule.

Juan Manuel sourit avant de convenir que les rituels apaisaient la planète.

Et si 2012 était un nid-de-poule géant sur le chemin du Temps ?

– C'est une possibilité à laquelle nous devons nous préparer, concéda-t-il.

En sortant de l'église, nous nous arrêtâmes devant une plaque consacrée au père Stanley « Francisco » Rother, missionnaire catholique de l'archevêché d'Oklahoma City. Le père Rother dirigea la congrégation de Santiago Atitlan pendant treize ans, bâtit des écoles et une clinique, diminuant de moitié la mortalité infantile et permettant aux artisans locaux de restaurer l'intérieur de la cathédrale avec des décorations indigènes (certains diront « païennes »), comme la statue de saint Maximon. Ce prêtre apolitique, quoique penchant un peu à droite, fut abattu d'une balle et poignardé dans son presbytère le 28 juillet 1981, à l'âge de quarante-six ans. L'escadron de la mort était à la solde du général Fernando Romeo Lucas Garcia, dictateur guatémaltèque dont la politique était d'éliminer les chefs des communautés indiennes, quelle que fût leur orientation politique. Le corps de Rother fut rapatrié aux États-Unis, mais son cœur fut prélevé et enseveli dans l'église.

La cathédrale donne sur une place dallée et poussiéreuse fréquentée par toute la ville. La nuit du 1er décembre 1990, plusieurs jeunes femmes qui la traversaient furent harcelées par des soldats qui traînaient là. Les femmes protestèrent, quelques villageois jetèrent des pierres aux soldats, qui dégainèrent leurs armes et tirèrent dans le tas, tuant l'un d'eux. Les habitants, furieux, commencèrent à sonner les cloches de la cathédrale pour ameuter la ville. Plusieurs milliers de personnes accoururent et, à l'aube du 2 décembre, marchèrent sur la garnison militaire en réclamant le départ des soldats. Quand ils arrivèrent aux grilles, l'armée ouvrit le feu, faisant onze morts et plus de quarante blessés.

En quelques heures, la presse débarqua de tout le pays et, devant les photographies d'hommes, de femmes et d'un enfant gisant morts devant les grilles, les autorités ne purent nier les faits. À l'étonnement général, le président Garcia accepta de retirer définitivement toute présence militaire de Santiago Atitlan. La ville déclara en retour qu'elle se désengageait de la guerre civile qui ravageait le Guatemala depuis vingt-quatre ans. Elle fut la première du pays à agir ainsi. Peu après le départ des troupes, les habitants fondèrent un « Parc de la Paix », décoré de plaques à chaque endroit où était tombé un martyr. Une sculpture en marbre de huit tonnes où était gravée la lettre du président promettant le retrait de l'armée et une enquête fut également érigée. Lors des travaux du parc, les ouvriers découvrirent une fosse commune, où gisaient les corps de huit cents personnes qui avaient « disparu », mais le président menaça de renvoyer l'armée si l'on continuait à creuser. Du coup, le trou resta béant au milieu du site.

La guerre civile dura trente ans et se termina en 1995 avec un bilan de 100 000 morts, autant de « disparus », un million de personnes « déplacées » et 444 villages rasés. Elle eut bon nombre de conséquences imprévues, notamment le commerce d'enfants volés, vendus pour adoption aux Américains, et bien souvent, comme le pensent les Guatémaltèques, livrés à des réseaux de pédophilie. Ces années de chaos rendirent le pays vulnérable, il devint une plaque tournante du trafic de drogue. Tout comme l'Empire romain payait ses soldats en sel, les cartels paient avec la cocaïne, qui est devenue la seconde monnaie du pays. Un gramme de cocaïne vaut sept dollars américains, au taux actuel.

Rien d'étonnant à ce que les électeurs guatémaltèques soient devenus plutôt cyniques. Ils plébiscitèrent naguère, avec 70 % des voix, le duo comique Taco et Enchilada comme président et vice-président. Les deux artistes, qui s'étaient retirés de la course électorale deux semaines avant la tenue du scrutin, et qui l'avaient donc remporté par bulletins manuscrits – fait remarquable dans une nation où le taux d'illettrisme est considérable –, refusèrent le poste.

En septembre 2005, un mois après ma visite à Santiago Atitlan, deux cyclones de catégorie 4, Katrina et sa jumelle Rita, s'abattaient sur le golfe du Mexique et les États-Unis. Passant presque inaperçu sur le moment, un petit cyclone de catégorie 1 nommé Stan traversa l'Atlantique, frappa la péninsule du Yucatan, traversa le golfe et ensevelit de vastes portions de l'Amérique centrale sous la boue. Les médias ont peu parlé de Stan parce qu'il n'a pas touché les États-Unis. Au final, il aura été le cyclone le plus meurtrier de la saison : 1 500 morts, pire encore que Katrina.

Le Mexique et le Salvador ont eu des centaines de victimes, mais le Guatemala a été le plus touché, surtout dans les hauts plateaux. Presque toutes les rivières ont connu des crues emportant ponts et bétail, et souillant l'eau potable avec celle des égouts. Le lac Atitlan a atteint son plus haut niveau. L'épicentre des destructions causées par les coulées de boue, la panique et les maladies a été Santiago Atitlan, avec 650 morts, 330 disparus, 4 000 sans-abri et presque toute la population victime de maladies et de traumatismes. Panabaj, un village des alentours de Santiago, a été inondé par une énorme coulée de boue large de 800 mètres et épaisse de 6, qui a dévalé le long du volcan, ensevelissant 208 habitants.

Les cérémonies funéraires mayas sont très strictes : chaque personne doit être couverte et enterrée exactement vingt-quatre heures après son décès. Seulement, la boue étant très compacte, en extraire les corps s'est révélé cauchemardesque à mains nues et avec des outils rudimentaires. Des hélicoptères apportaient médicaments et vivres sur la place, mais lorsque les troupes du président Oscar Berger arrivèrent pour leur porter secours, les habitants refusèrent de les laisser entrer. Le souvenir du massacre de décembre 1990 était encore frais. Les corps furent donc laissés dans la boue et le village de Panabaj déclaré fosse commune.

Les chamanes comme Juan Manuel se démenèrent pour apaiser les esprits des morts avec des herbes et de l'encens, mais, quelques jours plus tard, leur crainte que ces cérémonies soient insuffisantes fut confirmée par un séisme brutal. Il détruisit autoroutes et ponts et fit s'effondrer des centaines de bâtiments déjà déstabilisés par la pluie. La région, déjà en pleine souffrance, fut totalement isolée. Rien ni personne ne put en sortir ou y pénétrer.

* * *

Examinons de plus près la séquence d'événements volcaniques, sismiques et météorologiques qui ont accablé l'Amérique centrale en octobre 2005.

1) Le samedi 1er octobre, le volcan Llamatepec du Salvador est entré en éruption pour la première fois depuis un siècle, tuant deux personnes et en contraignant des milliers à fuir.

2) Le mercredi 5 octobre, l'ouragan meurtrier Stan atteignait l'Amérique centrale et déversait pendant

quatre jours des quantités de pluie sans précédent sur le Salvador, le Guatemala et le sud du Mexique, provoquant de terribles inondations et glissements de terrain.

3) Le samedi 8 octobre, un tremblement de terre d'une magnitude de 5,8 sur l'échelle de Richter frappait le Guatemala et le Salvador, provoquant d'autres glissements de terrain, et détruisant routes et ponts. Tout cela après le cyclone Rita et juste avant Wilma, le plus violent de l'année.

L'éruption volcanique, les cyclones et le tremblement de terre étaient-ils dépourvus de lien ? Les scientifiques préfèrent attendre que toutes les données soient analysées pour se prononcer. À mon sens, ce qui a frappé l'Amérique centrale et le golfe du Mexique à l'automne 2005 n'était pas une simple succession d'événements isolés. C'était un seul et même phénomène, d'une échelle et d'une durée rarement atteintes. Qu'est-ce qui m'autorise à l'affirmer ? Une compréhension intuitive de l'évidence. Autrement dit, le même bon sens qui vous incline à être de mon avis.

D'après le Dr Alexei Dmitriev, climatologue et géophysicien russe, nous avons atteint un point où les processus climatiques communiquent et s'amplifient pour donner lieu à des cataclysmes : « À mesure que les processus compensatoires se développeront (pour compenser la pression technogénique sur la planète), ils déclencheront des mécanismes de contrôle, réactions sismiques et activité volcanique, c'est-à-dire des calamités naturelles qui deviendront de plus en plus prononcées, jusqu'à une transformation globale du mécanisme du climat et de l'état de la biosphère », écrit-il. Il ajoute non sans amertume que l'un des « avantages » de notre position extrêmement précaire est que les « mécanismes sous-jacents reliant apparemment différents phénomènes météorologiques, sismiques et volcaniques » sont en passe d'être révélés.

Le seul développement climatique actuel susceptible de provoquer une chaîne d'éruptions, de cyclones et de séismes, comme celle subie par l'Amérique centrale est le réchauffement planétaire. La hausse des températures dans le golfe du Mexique a indubitablement dynamisé ces cyclones, et agi finalement comme une « véritable station de rechargement », selon l'article du *Time* du 3 octobre 2005 intitulé « Sommes-nous en train de renforcer les cyclones ? », qui étudiait les conséquences de l'activité humaine sur ces phénomènes.

L'éruption du Llamatepec au Salvador participait d'un processus plus vaste, en refroidissant le climat local et en contribuant également à la densité nuageuse du cyclone approchant. Le séisme qui a suivi peut avoir été déclenché par les énormes glissements de terrain de la région, qui ont exercé une pression sur les failles sous-jacentes. On a tendance à considérer les séismes comme des mouvements se propageant vers le haut depuis les profondeurs du centre de la Terre (ou du moins des profondeurs de la croûte terrestre), mais parfois l'énergie nécessaire à ces déplacements provient de la surface. Des failles maintenues en place par d'énormes masses rocheuses peuvent se trouver brusquement libérées lorsque ces masses se déplacent. D'où la conclusion que le réchauffement planétaire peut conduire à des séismes, en particulier sous les latitudes nord. À mesure que les glaciers fondent, le poids exercé sur les plaques tectoniques décroît, leur permettant de glisser plus facilement. L'Alaska est particulièrement sensible à cet effet, de même, en conséquence, que la dorsale pacifique.

Nous sommes loin d'avoir compris les mécanismes d'une mégacatastrophe comme celle de la saison des cyclones 2005. Et nous risquons fort de rester dans l'ignorance, étant donné le cloisonnement des disciplines scientifiques, à moins que des bonnes volontés ne s'attellent à la tâche herculéenne de coordonner les experts en cyclones, en volcans et en séismes.

On peut déplorer que le progrès scientifique soit souvent catalysé en temps de conflit armé. Par exemple, durant la Seconde Guerre mondiale, on s'évertua à trouver d'urgence des solutions à des problèmes : soigner les infections respiratoires affectant les pilotes de bombardiers, prendre la pression artérielle sous l'eau, mesurer les radiations infrarouges des flammes et des éclairs... À ceux qui en douteraient encore, je le signale : nous sommes bel et bien en guerre, et notre nouvel ennemi est la catastrophe « naturelle » sans précédent dans notre histoire. Il est temps que la communauté scientifique s'unisse pour nous défendre à l'approche de l'échéance 2012.

Six mois après les tragédies d'Amérique centrale, j'ai cherché à prendre des nouvelles de Juan Manuel.

Impossible de le contacter. Je ne cesse de me répéter ce que le jeune chamane m'a répondu lorsque je lui ai demandé ce qu'il comptait faire en 2012 :

– Si je suis en vie, j'accomplirai les rituels. Si je suis mort, quelqu'un d'autre le fera à ma place.

LE SOLEIL

Rendre Euclide responsable de ses tourments pourrait sembler excessif, mais pas pour les employés de nuit de la vieille librairie de Sheridan Square, à Greenwich Village. Tard un samedi soir, je me sentais emprisonné par le géomètre grec du IV*e siècle av. J.-C. et son idéalisation tyrannique de l'espace en trois dimensions. Ce sentiment n'avait rien à voir avec le fait que je n'avais personne dans ma vie, que je vivais dans un piège à cafards de 27 mètres carrés dont j'allais devoir payer le loyer exorbitant, faute d'un miracle financier, en écrivant* Mes Maîtresses particulières, *roman « pour adultes » que Typographical Services nous avait invités, moi et mon prestigieux diplôme de littérature, à écrire. La mission était assortie d'un cahier des charges sous la forme d'une liste de termes grivois imposés – mais que voulait donc dire « mosle ? » – et payée 150 dollars à l'acceptation du manuscrit de 160 pages.*

M'engouffrant dans le magasin juste avant 2 heures du matin, heure de fermeture, le souffle court, j'expliquai mon problème de mathématiques à Marie, la responsable qui, bien entendu, connaissait la question sur le bout des doigts et m'indiqua plusieurs gros ouvrages sur la géométrie non euclidienne qui embrassait la réalité d'une Terre sphérique. Des triangles incurvés possédant plus de 180 degrés. Des arcs entre deux points qui étaient plus courts que les droites les reliant. Quel soulagement !

Alors que je sortais mes billets, je me revis une décennie plus tôt, âgé de dix ans, attendant avec angoisse au comptoir du Benny's Luncheonette, dont le nom officiel, mais jamais utilisé, était le Park Town Café. Il me fallait vraiment, mais vraiment, une carte de la Lune, là, tout de suite. Je mourais d'envie de fuir la planète. Benny avait été un peu pris de court. Glaces, cheese-burgers, journaux, cigarettes, calepins, Scotch, bricoles – beaucoup de bricoles – mais pas de carte de la Lune.

– Et du Soleil ? demandai-je.

Là, c'était idiot. Même Benny le savait. Le Soleil avait beau être plus grand que la Lune, la Terre et toutes les planètes réunies, il n'en existait pas de carte. Pas de mer de la Tranquillité à dessiner, pas de tache rouge géante comme celle de Jupiter à colorier. Et personne n'aurait eu l'idée de s'y rendre. Le Soleil n'était qu'une immense boule de feu tellement chaude que, à côté, le feu normal, c'était de la glace. Il était destiné à brûler éternellement. Il ne changerait jamais et personne n'aurait jamais besoin d'en savoir plus.

– 6 –

SOLEIL ET TACHES SOLAIRES

Bienvenue à Aztec, Nouveau-Mexique.

Population : 6 238 habitants charmants.

Plus 10 grincheux.

Moins d'un kilomètre après le vieux panneau de bienvenue accroché à l'entrée de la ville, je m'arrête devant le Poulet Dodu. Au-dessus de la caisse, une série de dessins humoristiques. L'un d'eux, intitulé « Film d'horreur », montre trois poulets aux yeux exorbités regardant une volaille rôtir dans un micro-ondes. La radio diffuse un de mes tubes country préférés où il est question de rêves calcinés.

Je suis en route pour Durango, dans le Colorado, où quelque quatre-vingts physiciens d'une dizaine de nationalités différentes sont réunis pour étudier la relation entre Soleil, climat et culture. Ce séminaire est parrainé par le laboratoire de physique spatiale et atmosphérique de l'université du Colorado, institution à l'origine de la construction du Solar Radiation and Climate Experiment (SORCE), un satellite de recherche qui surveille depuis quelques années l'interaction du Soleil avec l'atmosphère terrestre. Sur la dizaine de congrès de physique solaire qui ont eu lieu dans le monde en 2005, le SORCE a le programme le plus riche, incluant la dernière technologie satellite en date jusqu'à l'incidence des fluctuations solaires sur le cannibalisme dans la Chine du XVIIe siècle.

Nous sommes le 13 septembre 2005. Le 1er janvier, à 0 h 40 GMT, la tache solaire 715 a libéré une éruption de classe X2. Les éruptions solaires sont classées C, M et X, soit respectivement légère, moyenne, puissante. En soi, il n'y avait pas de quoi s'inquiéter de l'éruption du Nouvel An. Mais rétrospectivement, cet événement a donné le la de Katrina et de tous les autres cyclones record qui ont fait de 2005 l'une des années les plus tourmentées de l'histoire. Y a-t-il un lien entre ces phénomènes ?

Les taches sont des orages magnétiques plus grands que la Terre qui se forment à la surface du Soleil. D'une température inférieure de 1 500 degrés par rapport au reste de la masse solaire (5 800 °C), elles sont plus sombres. Elles apparaissent selon des cycles de neuf à treize ans, en moyenne tous les onze ans, durée comprise entre deux maxima solaires, c'est-à-dire le moment où l'astre présente le plus de taches. Le même cycle s'observe pour les minima. Il en découle que la période entre un minimum et un maximum est généralement de cinq à six ans. Le cycle actuel, le 23e, atteindra son minimum à la fin de l'année 2006. Et le suivant, le 24e, son maximum en 2012.

On a surveillé les taches solaires à l'œil nu pendant des milliers d'années, puis au moyen du télescope – depuis son invention par Galilée en 1610 –, enfin par satellite depuis le milieu des années 1970. Les astronomes ignorent toujours pourquoi elles apparaissent à peu près tous les onze ans. Nous devons en conséquence nous satisfaire de la phrase d'Aristote concernant d'autres phénomènes inexplicables : « Il est dans leur nature d'être ainsi. » Cependant, la communauté scientifique s'accorde à penser que l'activité solaire totale, c'est-à-dire les différentes formes d'explosions et d'éruptions solaires, augmente et diminue en fonction du nombre de taches.

« Il y a une correspondance de 96 % entre les taches et les autres activités solaires », confirme le Dr Harry Van Loon, physicien renommé du Colorado Research Associates et du National Center for Atmospheric Research (NCAR – Centre national pour la recherche atmosphérique).

Du moins est-ce ainsi que le phénomène est censé fonctionner. L'année 2005 était la dernière et la plus spectaculaire d'une série d'exceptions troublantes du cycle de taches solaires. 2005 a connu le nombre de taches prévu, mais, pour une année minimum, elle a connu un record d'activité solaire totale, supérieur à toute autre année, y compris une année d'activité maximum.

Le 17 janvier 2005, la tache solaire 720, un ouragan solaire de la taille de Jupiter, a craché un panache de catégorie X3. C'était à peu près aussi surprenant que des giboulées de mars : remarquable, mais pas alarmant. La tache 720 a encore produit trois autres éruptions avant celle du 20 janvier, la cinquième, un impressionnant panache de catégorie X7, plus ou moins l'équivalent d'une chute de neige de dix centimètres en plein mois de mai.

Cette tempête solaire a libéré plusieurs milliards de tonnes de protons qui ont atteint la Terre en une demi-heure, au lieu des vingt-quatre à quarante-huit heures habituelles. Les scientifiques en ont perdu leur latin. La plupart des éruptions solaires, y compris les quatre précédentes de la tache 720, sont d'une variété commune appelée éjection de masse coronale (EMC). Les EMC sont des nuages de gaz surchauffé éjectés par le Soleil, qui traversent l'espace interplanétaire, produisant des ondes de choc qui accélèrent tout un ensemble de particules, principalement des protons, d'où le nom de « tempêtes de protons ». Les EMC voyagent en général à une vitesse de 1 000 à 2 000 kilomètres/seconde, chiffre assez bas selon les critères du système solaire, et nous en ressentons les effets un ou deux jours plus tard si elles se dirigent vers la Terre. Les satellites disjonctent, certaines communications radio sont rompues et de splendides aurores polaires emplissent le ciel nocturne.

La cinquième explosion de la tache 720 a été totalement différente et a atteint la Terre cinquante fois plus rapidement que la normale. « Les EMC sont responsables de la plupart des tempêtes de protons, mais pas de celle du 20 janvier », déclare Robert Lin, physicien solaire de l'université de Berkeley.

Il est en effet impossible que les ondes de choc des EMC puissent propulser des protons ou d'autres particules élémentaires à de telles vitesses. Imaginez-vous dans une barque au milieu d'un étang : lorsque vous jetez une grosse pierre dans l'eau, les ondes font bouger tout débris se trouvant en surface – il en est de même avec l'onde de choc normale d'une EMC. Pour vous représenter le phénomène du 20 janvier, imaginez maintenant que vous jetiez la même pierre très violemment, au point de provoquer des ondes si rapides et si puissantes que les quelques débris emportés traversent l'étang et s'abattent sur le rivage, où ils fracassent quelques galets. Difficile d'imaginer quelqu'un capable de jeter une pierre avec une telle force.

La lumière du Soleil, qui voyage à 300 000 kilomètres/seconde, met huit minutes à atteindre la Terre. En d'autres termes, pour que les protons poussés par la Tache 720 atteignent la Terre en trente minutes, lesdites particules ont dû voyager à peu près au quart de la vitesse de la lumière, soit environ 75 000 kilomètres/seconde. Quand un corps quelconque voyage à une fraction significative de la vitesse de la lumière, il est qualifié de « relativiste », en référence à la loi fondamentale de la relativité d'Einstein qui stipule que la matière ne peut pas se déplacer plus vite que la lumière. Toute particule ou objet voyageant à la vitesse de la lumière atteindrait une masse infinie. Et même à une fraction de cette vitesse, la masse est considérablement plus lourde. En conséquence, ces protons, au lieu d'avoir une masse presque nulle, auraient frappé la Terre avec la force de minuscules graviers, par milliards de milliards, comme une rafale de grenaille tirée par le Soleil. Il y a bien des objections à cette hypothèse, mais à moins qu'Einstein se soit lourdement trompé, nous serons tous pulvérisés si un prochain lot de protons parvient à diminuer de vingt-deux minutes la durée de son voyage pour atteindre la Terre en huit minutes – temps qu'il aura fallu à mon Poulet Dodu pour être doré et croustillant à point.

Il faudrait être paranoïaque pour prêter au Soleil des intentions malveillantes à notre égard. S'il voulait nous faire du mal, il trouverait sans doute pire. Cependant, « la tempête de protons la plus intense depuis des décennies », comme la présentait une dépêche de la Nasa, fut bel et bien lancée depuis la Tache 720 directement sur notre planète. La tache était située à 60° de longitude ouest solaire. À mesure que le Soleil tourne, les champs magnétiques de cette tache se déforment pour créer une sorte de couloir magnétique en direction de la Terre pour tout EMC qui s'y développe.

La Nasa ne dévoila ses données sur la tempête du 20 janvier qu'au mois de juin ; peut-être les découvertes étaient-elles si stupéfiantes que les scientifiques les avaient longuement vérifiées. Ce délai inhabituel, tout comme la curieuse absence de commentaires, a empêché d'estimer l'impact de cette tempête colossale sur notre planète. Des satellites ont–ils grillé ? Des cancers de la peau se sont-ils déclarés en masse ? Nous n'en savons rien.

La tempête du 20 janvier qui a inauguré 2005, année de minimum solaire, se trouve avoir été l'éruption de radiations la plus puissance depuis octobre 1989, année de maximum solaire. Elle a pu retarder les projets prévus d'exploration spatiale habitée. Normalement, si une tempête solaire dangereuse se dirige sur eux, les astronautes ont au moins un jour pour baisser les volets de protection. Mais celle-ci a été si rapide – moins d'une demi-heure – qu'ils n'auraient probablement pas eu le temps de se protéger.

Les os contenant de la moelle, comme ceux du crâne, des épaules, de la colonne vertébrale, du sternum et des cuisses, sont les parties du corps les plus vulnérables aux radiations. Les protons solaires détruiraient les cellules qui produisent le sang, privant en une semaine l'organisme de sang neuf. « Une transplantation de moelle serait nécessaire, mais on ne la pratique pas sur la Lune », écrit le Dr Tony Phillips, coauteur des dépêches de *Science@NASA*. Pas plus qu'elles ne sont pratiquées sur Terre, ajoutera-t-on, du moins pas à une échelle suffisante si des protons meurtriers commencent à pénétrer notre champ magnétique affaibli et deviennent un problème de santé publique.

L'année 2005 a continué d'être orageuse, l'activité culminant en septembre avec l'une des semaines les plus turbulentes dans l'histoire connue du Soleil. Le 7 septembre, la tache solaire 798, revenant de l'autre face du Soleil, lâcha une éruption monstre, de catégorie X17, la deuxième plus puissante jamais enregistrée. Elle provoqua le black-out de nombreuses liaisons radio sur la face éclairée de la Terre. Neuf éruptions de catégorie X se produisirent durant les sept jours suivants et plusieurs tempêtes de radiations s'abattirent sur la Terre. Le champ magnétique nous protège habituellement de leurs effets, mais, sans que l'on en connaisse la raison, il semble affaibli depuis quelques années.

La dernière éruption solaire s'est produite le 13 septembre, jour d'ouverture du congrès du SORCE. Au total, la semaine du 7 au 13 septembre, déjà étonnamment agitée selon les critères d'une année de maximum solaire, l'était d'autant plus que nous étions dans une année de minimum.

Du jamais vu depuis l'ère glaciaire

Le physicien allemand d'origine indienne Sami Solanki, de l'Institut Max-Planck pour la Recherche sur le Système Solaire de Katlenberg-Lindau, a créé l'événement lors du congrès du SORCE avec cette déclaration : « En dehors de quelques brefs pics, le Soleil est plus actif actuellement qu'à aucun moment des onze mille dernières années. »

Il a ensuite expliqué à ses confrères que, depuis les années 1940, le Soleil produit plus de taches que par le passé, mais aussi plus d'éruptions, projetant d'énormes nuages de gaz dans l'espace. Solanki et sa collègue Natalia Krivova, qui prenait également la parole durant le congrès, ont publié leur découverte dans le numéro d'octobre 2004 de la revue *Nature*.

Si Solanki avait fait son annonce devant un parterre de spécialistes de la Terre, un frisson de panique aurait parcouru son auditoire, car la dernière période glaciaire s'est achevée justement voilà 11 000 ans. On a longtemps pensé que le réchauffement de la planète avait été progressif, qu'il s'était déroulé sur des centaines, voire des milliers d'années. Mais, selon un dossier spécial du magazine *Time* du 3 octobre 2005, les découvertes les plus récentes invalident cette thèse : un nombre croissant de paléoclimatologues en ont conclu que des systèmes aussi complexes que l'atmosphère passent brutalement d'un état stable à un autre et connaissent des périodes de transition très brèves, tout comme l'eau qui bout se transforme brusquement en vapeur.

Richard Alley, de l'université de Penn State, est spécialisé dans l'étude des changements brusques de climat. Selon lui, les carottes de glace prélevées au Groenland démontrent que la dernière ère glaciaire ne s'est pas terminée « avec la lenteur typique du temps géologique, mais avec la rapidité du temps réel, la planète tout entière s'étant réchauffée en trois ans au plus. La plupart du temps, le climat réagit comme s'il était réglé avec un potentiomètre, mais il lui arrive de se comporter comme s'il était réglé par un interrupteur ».

Le Soleil est-il sur le point d'appuyer sur cet interrupteur ? Pour sa part, Solanki ne s'est aucunement prononcé sur les conséquences éventuelles que pourrait avoir le comportement actuel du Soleil sur le climat terrestre. Il a simplement observé que l'astre semble plus actif aujourd'hui que jamais depuis 11 000 ans. Si une modification aussi radicale du climat devait se produire de nos jours, avec six milliards d'habitants liés par une interdépendance économique, la catastrophe dépasserait nos pires craintes. Surtout si un tel changement devait, comme l'avance Richard Alley, se produire « avec la rapidité du temps réel », disons entre aujourd'hui et 2012.

Plus chaud que depuis 50 000 ans au moins

Toutes les données ou presque sur l'histoire du climat jusqu'à la dernière ère glaciaire proviennent des carottes prélevées dans l'Arctique et l'Antarctique. Mais extrapoler l'histoire du climat des régions équatoriales à partir d'échantillons de glace polaire semble plutôt hasardeux. Imaginez que vous ne possédiez que des données issues des tiers les plus septentrionaux et méridionaux de la Terre pour déduire ce qui s'est passé entre les deux, il y a onze mille ans. Si l'on considère qu'environ les deux tiers de la population mondiale habitent plus près de l'équateur que des pôles, et donc dans des zones relativement peu touchées par les effets de la glaciation, où se procurer de la glace à l'équateur ?

La réponse, selon le glaciologue Lonnie Thompson, de l'université de l'Ohio, l'un des scientifiques les plus respectés de notre époque, est : bien au-dessus du niveau de la mer, à au moins 4 500 mètres d'altitude.

Bien qu'il y soit toujours invité, Lonnie Thompson se rend à peu de conférences, même à celle du SORCE en 2005. Il est généralement en train d'escalader des montagnes, ce qu'il n'apprécie d'ailleurs guère : asthmatique, il préférerait rester chez lui à Columbus, dans l'Ohio, avec son épouse et partenaire de recherches, Ellen Mosley Thompson. Cela ne l'a pas empêché de passer plus de temps que personne (pilotes de ligne exceptés) à des altitudes dépassant les 5 500 mètres. Au cours des trente dernières années, il a simplement tiré la conclusion logique de l'impossibilité de déduire le climat tropical à partir des données polaires : escalader les montagnes les plus proches de l'équateur pour trouver des indices sur l'histoire du climat de la région.

Thompson et son équipe ont rassemblé une collection d'échantillons de glace de quelque six kilomètres de long, stockés à l'université de l'Ohio dans une chambre froide de 200 mètres carrés qui les maintient à une température de -30 °C à -35 °C. Ces carottes de glace sont des morceaux de temps congelé. Plus la carotte est profonde, plus l'histoire est ancienne. En analysant la composition chimique de chaque couche de glace, les chercheurs déterminent la modification du climat dans la région où elle a été prélevée. Des milliers de carottes de ce type ont ainsi été analysées, aboutissant à la création d'une base de données qui a permis aux chercheurs de retracer progressivement l'histoire climatique de toute la planète jusqu'à la dernière ère glaciaire et, dans certains cas, au-delà.

Tout comme l'abri anti-atomique de Reykjavík qui recèle les rouleaux de parchemin des grandes sagas islandaises, la chambre froide de l'université de l'Ohio protège des documents historiques irremplaçables. Cet endroit devrait être classé Patrimoine de l'humanité. Le réchauffement planétaire fait fondre les glaciers du monde entier à une vitesse croissante, ce qui oblige l'équipe de Thompson à montrer encore plus d'empressement pour prélever des échantillons avant que ces trésors ne soient perdus.

« Le réchauffement planétaire n'est pas aussi controversé que certains aimeraient vous le faire croire. Il est évident qu'un changement climatique majeur est en cours », déclare Thompson. Couronné d'innombrables récompenses, consulté par Al Gore, le *National Geographic* et le *New York Times*, Thompson a inspiré le personnage joué par Dennis Quaid dans *Le Jour d'après*, film catastrophe sur le réchauffement climatique. Thompson, qui gravissait un sommet en Chine pendant que se tenait le séminaire du SORCE, est surtout connu pour avoir annoncé que le mont Kilimandjaro, dont les neiges furent immortalisées par Hemingway, est en train de perdre sa calotte neigeuse, laquelle aura entièrement disparu d'ici à 2015.

Pendant des années, Thompson a collecté une masse de données qui prouvent que la Terre a connu il y a 5 200 ans une catastrophe climatique. Croisant des études abordant tous les domaines, depuis les anneaux de croissance des arbres jusqu'aux cadavres humains en passant par les pollens et les isotopes de l'oxygène, il conclut que, à cette époque, une nette baisse suivie d'une brusque recrudescence de l'activité solaire a transformé le Sahara de paradis verdoyant en désert, réduit les calottes glaciaires des pôles et bouleversé l'écosystème planétaire.

Il est intéressant de noter que cette période de 5 200 ans correspond au « soleil » maya. Rappelez-vous l'explication des frères Barrios : nous sommes dans le Quatrième Âge, qui a commencé en 3114 av. J.-C. et se terminera en 2012. En fait, 3100 av. J.-C. semble avoir été une date pivot dans bien des régions du globe. C'est celle de l'émergence de la civilisation égyptienne, de la mort de Krishna dans la mythologie hindouiste et du début de l'ère actuelle, le Kali Yuga, ou Âge Décadent. Il se pourrait bien que la fin de la crise écologique planétaire qui s'est produite il y a 5 200 ans ait marqué l'avènement de nouvelles civilisations, donc d'une nouvelle ère.

Selon Thompson, les conditions qui ont conduit à la catastrophe voici cinquante-deux siècles sont très semblables à celles que nous vivons actuellement : « Quelque chose de colossal s'est produit à l'époque. Mais cela n'a pas paru si démesuré aux humains de ce temps-là, parce qu'il n'y avait qu'environ 250 millions d'habitants sur la planète, alors que nous sommes aujourd'hui 6,4 milliards. Les indices convergent vers ce point de l'histoire et vers un événement précis. Ils indiquent désormais que des modifications similaires se produisent dans le climat actuel. »

Alors qu'il traversait une prairie sur l'un de ses glaciers préférés, le Quelccaya péruvien (dont le recul est quarante fois plus rapide aujourd'hui qu'en 1963, date de sa première expédition), Thompson est tombé sur des plantes fossiles inhabituelles qu'il a prélevées et expédiées à deux laboratoires indépendants. Les résultats ont montré que ces spécimens étaient âgés de 48 000 à 50 000 ans. Pour que les plantes aient été aussi bien conservées, elles avaient dû être recouvertes et protégées par la glace pendant la majeure partie de cette période, « ce qui signifie, comme l'indique le rapport, que la calotte glaciaire est restée stable pendant plus de 50 000 ans ».

Il fait donc aujourd'hui plus chaud qu'il y a 50 000 ans ou plus. Peut-être que le chiffre se rapproche davantage de 74 000, époque à laquelle le volcan du lac Toba a craché sa cendre dans l'atmosphère, rendu l'air irrespirable, bloqué la lumière et la chaleur solaires, provoqué une période glaciaire et décimé l'humanité.

Datations

Le lecteur s'interroge peut-être : comment peut-on être aussi sûr de ce qui est arrivé voilà des milliers et des milliers d'années, en l'absence de toute trace écrite ?

Les scientifiques se fondent sur le carbone 14. Le carbone 14 est un isotope radioactif qui possède six protons et huit neutrons, soit deux neutrons de plus que le carbone « normal » qui, avec ses six protons et ses six neutrons, a un poids atomique de 12. Il y a tellement de carbone dans les matières organiques animales et végétales que le carbone 14 se trouve n'importe où, en proportions prévisibles par rapport au contenu total de carbone d'un échantillon. Cet isotope se dégrade lorsque la plante ou l'animal meurt et sa demi-vie (le temps nécessaire pour que la moitié d'une quantité donnée de carbone 14 ne soit plus radioactive) est de 5 730 ans. Les spectromètres de masse peuvent recenser le nombre d'atomes de carbone 14, et de là permettre des datations précises d'échantillons de très petite taille.

Le carbone 14 est rendu radioactif par les rayons cosmiques qui frappent son noyau. Il existe une relation inverse entre les taches solaires et la quantité de rayons cosmiques qui atteignent la Terre – plus les premières sont nombreuses et plus le champ magnétique interplanétaire émanant du Soleil est dense, moins les seconds parviennent à bombarder le carbone stable et à le rendre radioactif. Il en est de même pour le béryllium, un autre élément radioactif dont l'isotope 10 sert à la datation. Plus il y a de taches solaires, moins il se crée de béryllium 10.

Analyser le comportement du Soleil à l'époque précédant l'invention du télescope (1610) impose d'étudier les indices résiduels de taches solaires et d'en déduire le nombre et l'intensité. L'activité solaire peut donc être calculée en déterminant les niveaux de carbone 14 et de béryllium 10 à différents points de l'histoire.

Sans le carbone 14 et les autres techniques de datation par isotopes, nous n'aurions aucune connaissance de l'activité solaire avant 1610. Or quatre cents ans sont notoirement insuffisants pour comprendre les tendances climatiques à long terme de notre planète, âgée de cinq milliards d'années. Sans recul, il serait impossible de dire si le Soleil se comporte vraiment étrangement ou s'il passe simplement par une phase erratique, comme cela lui est arrivé maintes fois par le passé.

Par exemple, nous savons qu'entre 1100 et 1250, notre planète a connu des phases de grandes chaleurs. Durant cette époque, les Vikings ont pu établir des colonies florissantes au Groenland, et même au nord-est du Canada, qu'ils appelèrent « Vinland », en raison des vignes qui, semble-t-il, y poussaient. Le carbone 14 indique que la grande époque des Vikings coïncidait également avec une période d'activité solaire inhabituellement élevée. Cependant, les scientifiques s'accordent à penser qu'elle l'était nettement moins qu'aujourd'hui.

Une grande partie du congrès du SORCE était consacrée à débattre de la fiabilité des techniques de datation par isotopes. Par exemple, les niveaux de carbone 14 sont-ils affectés par autre chose que les radiations cosmiques ? Quel est le meilleur indicateur, les niveaux absolus d'isotopes radioactifs ou leur taux de diminution/augmentation ? Quelle est d'ailleurs la justesse de ces techniques de mesure ? Les fluctuations du champ magnétique de la Terre ont-elles une incidence sur elles ?

Au final, l'utilisation du carbone 14 pour déduire l'historique de l'activité solaire résista aux assauts des sceptiques, avec toutefois quelques réserves, comme les distorsions provoquées par les essais nucléaires, qui produisent du carbone 14, et les fluctuations du champ magnétique terrestre, qui peut affecter la quantité de rayons cosmiques pénétrant l'atmosphère. Le béryllium 10 fut déclaré moins fiable, en raison de sa tendance à se lier aux aérosols qui flottent dans l'atmosphère pendant un an ou deux avant de se déposer. Ainsi, un anneau d'arbre contenant très peu de béryllium 10, ce qui indiquerait une activité solaire élevée, peut induire en erreur, car un autre de la même époque historique peut contenir une grande quantité de béryllium 10 simplement parce qu'il absorbe les aérosols plus efficacement. Tout le monde tomba donc d'accord : par prudence, il fallait à l'avenir vérifier plus soigneusement les résultats des mesures effectuées grâce au béryllium 10.

– Si tant est que nous ayons un avenir ! avais-je envie de crier.

Les habits neufs du physicien

On l'a vu, la semaine du 7 au 13 septembre 2005 fut l'une des plus tumultueuses de l'histoire connue du Soleil, qui brûla pour ainsi dire tous les records, mais à la conférence du SORCE, qui commença le 13, on mentionna à peine la tempête solaire.

L'information était pourtant déjà disponible à ce moment-là. Pour ma part, je recevais chaque jour par e-mail des dépêches de la NASA aux titres éloquents – « Intense activité solaire », « Aurores rouge sang en Arizona », « Minimum solaire pulvérisé ! » –, rédigées par le Dr Tony Phillips, rédacteur en chef de *NASA Science News,* une revue en ligne. Deux semaines plus tard, le 26 septembre, le Soleil a montré sa plus grosse protubérance de mémoire d'homme. La boule de feu de forme allongée faisait plusieurs fois la taille de la Terre. Au final, septembre 2005 s'est révélé le mois le plus tumultueux du Soleil depuis mars 1991, année de maximum solaire.

Dans les annales de la physique solaire, le mois de septembre 2005 rivalise désormais avec la légendaire série de turbulences connues sous le nom de « tempêtes d'Halloween », qui eurent lieu entre le 26 octobre et le 4 novembre 2003. Pour la première fois de mémoire d'astronome, deux taches de la taille de Jupiter étaient alors apparues sur le soleil simultanément. Ces taches produisirent des explosions répétées de catégorie X. Le point culminant fut atteint le dernier jour avec l'éruption la plus vaste jamais enregistrée : une X28. Si l'éjection de masse coronale qui s'ensuivit avait été dirigée vers la Terre, elle aurait réduit à néant notre réseau de satellites de télécommunications et de surveillance militaire. En 1989, une éruption X19 avait déclenché une tempête solaire qui frappa la Terre et grilla pendant plusieurs heures le réseau électrique HydroQuébec. Les conséquences humaines d'une tempête de classe X28 auraient pu être dramatiques en provoquant irradiations nocives, cancers, troubles de la vision et autres affections.

Halloween 2003 était si violente que certains physiciens solaires la qualifient de deuxième maximum solaire, puisqu'elle est survenue environ deux ans et demi après le maximum solaire de 2001, et aussi parce que le comportement du Soleil n'est jamais vraiment revenu à la normale. Les troubles de septembre 2005, bien que moins violents, étaient d'autant plus significatifs qu'ils se produisirent au plus bas du cycle. Le silence des physiciens réunis lors du congrès du SORCE à ce propos n'en est que plus surprenant. Certes, la lettre d'information du SORCE en parla plusieurs mois après, mais pourquoi n'avoir pas profité de ce grand rassemblement de spécialistes pour aborder le problème ?

Solanki m'explique que la plupart de ses confrères ne se prononcent qu'une fois toutes les données réunies et analysées. Les événements de septembre 2005 pourraient être le clou du prochain séminaire du SORCE ou du suivant. Intellectuellement, je peux comprendre cette prudence et les contraintes d'une méthodologie rigoureuse, mais pas émotionnellement. Comment pouvaient-ils rester impassibles face aux bouleversements qui se déroulaient sous leur nez, alors que le Soleil est au cœur de leur vie professionnelle ?

Septembre 2005 fut l'un des mois les plus orageux de l'histoire du Soleil et de la Terre. Katrina avait déjà détruit la Nouvelle-Orléans. Rita effraya Houston et le président Bush en vomissant des torrents de pluie. Début octobre arriva Stan, le cyclone moins connu d'Amérique centrale qui dévasta Atitlan et se révéla au final le plus mortel de l'année. Puis ce fut Wilma, le plus puissant de tous, qui s'en prit à la Floride. Au moins huit tempêtes tropicales suivirent, certaines cycloniques, pour un total qui dépassait tous les records saisonniers.

L'année 2005 était bien partie pour devenir la plus chaude, la plus orageuse, la plus sèche jamais enregistrée et peut-être aussi la plus active aux points de vue volcanique et sismique. Elle se termina même par une série d'incendies de forêts et de tornades, pourtant rares en cette saison.

Même le livret du SORCE distribué à l'entrée du séminaire notait une relation entre l'activité solaire et le climat : « Les équations d'équilibre énergétique prédisent que si le Soleil varie faiblement, de 1 % par exemple, les températures moyennes de surface changeront d'environ 0,7 °C. Certains modèles empiriques indiquent que le Soleil a varié de près de 0,5 % depuis l'époque préindustrielle. Les modèles climatiques indiquent qu'une telle modification peut être tenue pour responsable de plus de 30 % du réchauffement constaté depuis 1850. »

Plus de 30 % ? Voilà qui donnerait plus de poids au Soleil que tout autre facteur de réchauffement climatique, en dehors de la célèbre augmentation des émissions de gaz carbonique. Il semblait donc tout à fait indiqué de s'interroger sur les relations entre bouleversements solaires et terrestres qui se déroulaient au moment du congrès. Pourtant, au cours des trois jours que dura celui-ci, ces quatre-vingts éminents scientifiques ne consacrèrent même pas une pause-café à réfléchir à cette coïncidence.

Ne jamais faire de prédictions !

– Si les cyclones de septembre 2005 se sont produits presque au moment d'un minimum solaire, pourriez-vous nous dire ce que le prochain maximum solaire de 2012 nous réserve ?

– Ne jamais faire de prédictions ! répondit le chercheur émérite Harry Van Loon, après sa présentation magistrale liant variabilité des taches solaires et précipitations en Amérique du Nord.

Pourtant, comme l'affirme depuis longtemps Richard Feynman, le célèbre physicien, ce qui donne sa valeur à la science est précisément sa capacité de prévoir.

Si la période de maximum solaire commençant en 2011 et culminant en 2012 se révèle aussi supérieure au maximum solaire moyen que la période entre Halloween 2003 et septembre 2005 était supérieure au minimum solaire, nous avons toutes les chances de devoir affronter la catastrophe que les astronomes mayas nous annoncent depuis 1 500 ans.

Plusieurs mois après le séminaire du SORCE, une équipe de spécialistes du Soleil du Centre national pour la recherche atmosphérique (NCAR) de Boulder, dans le Colorado, confirmait ce que beaucoup avaient fini par soupçonner : « Nous prévoyons que le prochain cycle solaire sera de 30 à 50 % plus violent que le précédent », déclara Mausumi Dikpati. Avec Peter Gilman et Giuliana de Toma, ses collègues de l'Observatoire de haute altitude du NCAR, Dikpati a mis au point un modèle dynamique d'analyse des flux qui permet de prévoir l'activité solaire en repérant les mouvements sous la surface de ce qui reste des taches solaires des deux cycles précédents. En se fondant sur de nouvelles techniques d'héliosismologie, où l'on suit des ondes sonores de l'intérieur du Soleil à la manière d'un médecin utilisant les ultrasons pour « voir » l'intérieur d'un patient, l'équipe du NCAR pense que les taches solaires engendrent les suivantes, dans un processus circulaire, comme un tapis à bagages d'aéroport.

« Quand les taches décroissent, elles impriment au plasma en mouvement une sorte de signature magnétique », explique un communiqué du NCAR. Les taches naissent sous forme de nœuds magnétiques dans la zone de convection du Soleil, qui est la couche externe de l'astre, et également la région la plus sensible aux perturbations extérieures, électromagnétiques ou gravitationnelles. Des courants de plasma, gaz hautement énergisé, se meuvent comme des tapis roulants et véhiculent ces nœuds depuis les pôles jusqu'à l'équateur, où ils remontent à la surface et explosent en orages magnétiques que nous appelons taches solaires. « Prévoir les cycles solaires avec exactitude, des années à l'avance, aidera nos sociétés à se préparer aux périodes de turbulences solaires qui peuvent ralentir les orbites des satellites, couper les communications et les réseaux d'énergie », poursuit le communiqué du NCAR.

Les découvertes de l'équipe du NCAR, publiées dans le prestigieux *Geophysical Review Letters*, indiquent que le prochain cycle solaire, le 24e, commencera en 2007, entre six mois et un an plus tard que prévu, et culminera en 2012. Il sera de 30 à 50 % plus violent que le dernier cycle record.

– 7 –

L'AFRIQUE SE FEND EN DEUX, ET BIENTÔT L'EUROPE

Dieu doit être en colère. Sinon, pourquoi le Tout-Puissant fendrait-il en deux la terre natale et sacrée de Son prophète bien-aimé, Sa Majesté Impériale Haïlé Sélassié, l'empereur d'Éthiopie, le Lion de Judée, également connu sous le nom de rastafari, petit homme décédé en 1975, mais qui n'en demeure pas moins un personnage d'envergure, un messie vivant, dans la lignée de Moïse, Élie et Jésus ?

Le 14 septembre 2005, le lendemain du jour où la dernière des éruptions de catégorie X échappées du Soleil pénétrait dans le système solaire, dans la lointaine et désolée Boina, à environ 430 kilomètres de la capitale éthiopienne, Addis-Abeba, un tremblement de terre fendit le sol sur soixante kilomètres, d'après une dépêche de l'Associated Press. Au cours des trois semaines suivantes, la fissure de Boina s'élargit pour former un ravin de dix mètres de large et elle continue de s'ouvrir aujourd'hui. Des chercheurs éthiopiens, anglais, français, italiens et américains pensent que cette fissure marque le début du processus de séparation du continent africain en deux morceaux ou plus.

« Nous pensons assister à la naissance d'un nouveau bassin océanique », déclare Dereje Ayalem, de l'université d'Addis-Abeba. Dereje dirige l'équipe internationale de chercheurs chargée de surveiller Boina. Il a présenté leurs découvertes lors d'une réunion de l'American Geophysical Union (AGU) à San Francisco en décembre 2005. « C'est sans précédent dans l'histoire de la science, car, habituellement, nous voyons les fissures après qu'elles se sont produites. Mais ici, nous assistons au phénomène en marche », ajoute Dereje. À la vitesse à laquelle s'écarte la fissure, il faudra environ un million d'années pour qu'un nouvel océan se forme et se remplisse d'eau. (À titre de comparaison, pour notre Terre âgée de cinq milliards d'années, un million d'années est l'équivalent de cinq à six jours dans la vie d'un être humain.) Évidemment, d'autres séismes pourraient accélérer considérablement ce processus.

Existe-t-il une relation entre l'activité solaire exceptionnelle de septembre 2005 et cette énorme lézarde dans la croûte terrestre ?

Quand une quantité suffisante d'énergie électrique se rassemble dans l'atmosphère, elle est aspirée par la foudre et entraînée sous la surface de la Terre. Les zones riches en fer et autres métaux attirent cette électricité jusque dans le sol, contribuant à stabiliser le climat. On pense par exemple que le Triangle des Bermudes recèle sous ses eaux d'importantes quantités de minerai de fer. Cette énergie se dissipe sans causer de dégâts, mais il se pourrait que des éruptions d'énergie, comme celles causées par un surcroît d'activité solaire, aient des conséquences sur les volcans et les séismes comme, peut-être, celui de Boina. Personne n'en a cependant la certitude.

Supposons que quelqu'un puisse en faire la démonstration. Qu'une équipe compétente de chercheurs ait découvert que les sept jours d'activité solaire extrême des 7 au 13 septembre 2005 aient provoqué ou contribué à provoquer le séisme de Boina du 14 septembre 2005 et la fissuration du continent africain. Ces découvertes verraient-elles la lumière du jour ? Le faudrait-il ? Existe-t-il un mécanisme de censure mondial, une oligarchie secrète qui muselle les détenteurs d'informations explosives ? Je n'ai aucune connaissance d'une telle cabale : la preuve en est que vous lisez ce livre. Cependant, je peux comprendre ce qui motiverait une telle censure : préserver la stabilité sociale. Peut-être me traitera-t-on de fou et cherchera-t-on à me discréditer auprès de tous les organismes de recherche du monde. Ce pourrait être leur stratégie.

La piste d'envol des cyclones

Boina, située à environ 11,25° de latitude nord, se trouve à l'extrémité sud-est de la bande de savane du Sahel qui traverse le nord de l'Afrique centrale, séparant le désert du Sahara des tropiques. Cette quasi-ceinture verte s'étend entre 11 et 20° au nord de l'équateur (à peu près les mêmes latitudes que le territoire maya). Depuis la côte orientale de l'Afrique, juste au-dessus de la jonction entre la mer Rouge et l'océan Indien, le Sahel rejoint la côte atlantique au Sénégal, où naissent tous les cyclones atlantiques.

« Tous les cyclones atlantiques, quelle que soit leur taille finale, naissent de la même manière : comme une perturbation dans l'atmosphère au-dessus de l'Afrique équatoriale. Ces perturbations, appelées vagues tropicales, se dirigent vers l'ouest et, si les conditions sont propices, leur taille augmente et elles commencent à tourbillonner. Certaines deviennent des dépressions, puis des orages tropicaux et enfin des cyclones », explique une dépêche de la NASA du 26 septembre 2005 intitulée « Les chercheurs explorent le mystère des cyclones ».

Qu'est-ce qui pousse les cyclones à quitter la côte occidentale de l'Afrique ? Deux théories complémentaires permettent de l'expliquer : 1) des pluies, en particulier les orages du Sahel, font naître les vagues tropicales qui deviennent des dépressions et parfois des cyclones ; 2) ces pluies, en particulier les orages du Sahel, empêchent les vents du désert d'humidifier les dépressions tropicales et de devenir des cyclones.

Katrina, Rita, Andrew, Hugo et Camille, bref tous nos cyclones, furent d'abord des orages dans l'ouest du Sahel. Il leur aura fallu entre sept et dix jours pour devenir des cyclones et atteindre l'Amérique du Nord. Pourtant, il y a des orages tous les jours partout dans le monde et la grande majorité ne deviennent pas des cyclones. Quelque chose de plus se produit dans le nord de l'Afrique centrale, un ingrédient supplémentaire, peut-être un « effet papillon » qui enclenche tout le processus, comme l'énonce la théorie du chaos. Les scientifiques sont incapables de déterminer en quoi consiste au juste cette amorce : tourbillons de vent désertique dans l'atmosphère, ondes de choc poussées dans l'est du Sahel par les moussons de l'océan Indien ? Mais ils conviennent tous que l'impulsion provient du continuum écologique du Sahel.

Dans les années 1970, le Sahel a connu la pire sécheresse de l'histoire contemporaine ; il n'en est sorti que tout récemment. Le retour des pluies au Sahel coïncide presque exactement avec le pic d'activité solaire entre Halloween 2003 et septembre 2005. Les années 2004 et 2005 ont été au Sahel les plus humides depuis bien longtemps, conduisant, selon notre théorie, à deux des plus intenses saisons de cyclones atlantiques de l'histoire. Après le choc spectaculaire de Katrina, on a oublié que la saison des cyclones de 2004, avec quatre calamités s'abattant coup sur coup sur la Floride, a été presque aussi dramatique que 2005.

Après une semaine de regain exceptionnel d'activité solaire, la partie orientale du Sahel s'est donc scindée en deux au moment même où une activité cyclonique record culminait sur la partie occidentale de ce continuum écologique. Coïncidence ou synergie de catastrophes ?

Le lien entre les taches ou autres turbulences solaires et les orages, cyclones, volcans ou événements sismiques terrestres est le genre de question qui devrait être traitée lors de l'International Heliophysical Year (IHY) 2007, un programme mondial de douze mois de congrès et de manifestations destiné à l'étude du Soleil. L'IHY 2007 s'inscrit dans le droit-fil de l'International Geophysical Year (IGY) de 1957-1958, qui a dynamisé les sciences de la Terre et qui, selon certains, aurait conduit l'Union soviétique à lancer Spoutnik en 1959. Les deux autres manifestations de ce type furent l'International Pole Year de 1932 (consacrée au pôle Sud) et l'International Pole Year de 1882 (consacrée au pôle Nord). Toutes ces « années internationales » se sont déroulées sans incident politique significatif.

Aucune manifestation n'a été pour l'instant annoncée pour l'IHY 2007, mais il est indispensable que soit rendue publique l'intégralité des données sur l'activité solaire, dont le recueil a d'ailleurs été presque exclusivement financé par des fonds publics. Le rapport du NCAR prédisant un maximum solaire record pour 2012 sera certainement attaqué par la communauté des physiciens. Certains, la plupart, le jugeront trop alarmiste ; d'autres au contraire le trouveront encore trop timoré. Mais si le travail de l'équipe du NCAR n'est pas au premier plan, nous aurons assisté au triomphe de la politique sur la science et le bien commun. La peur de la controverse aura pris le pas sur le devoir d'information des scientifiques.

Les contribuables du monde entier ont un pouvoir sur les institutions de recherche, y compris celui de peser sur le financement des nombreux projets de lancement de satellites qui débuteront indubitablement lors de l'IHY 2007. Nous en avons déjà financé bon nombre dès le milieu des années 1970, avec Helios I et II, suivis d'une vingtaine de satellites d'observation, principalement lancés par la NASA et l'ESA (Agence spatiale européenne). En 1980, la Solar Maximum Mission a été lancée spécifiquement pour surveiller l'activité solaire à l'apogée du cycle de taches. En 1990, Ulysse, le projet conjoint NASA-ESA, a étudié des parties précises du spectre solaire (rayons X, lumière visible, ultraviolets), tout comme le satellite japonais Yokoh Solar A en 1991.

La génération actuelle de satellites étudie les événements solaires qui affectent particulièrement la Terre. La plus grande des sondes solaires, Soho (Solar and Heliospheric Observatory), lancée en 1995 et toujours en activité, a pour mission d'identifier les éjections de masse coronale, éruptions solaires et assimilées, et d'avertir les scientifiques suffisamment à l'avance pour qu'ils puissent activer les mécanismes de protection dont sont pourvus les satellites, réseaux d'énergie et autres technologies sensibles au soleil – du moins certains d'entre eux. Le petit secret inavouable de l'industrie des satellites est que ces appareils, notamment ceux à vocation commerciale, ne sont pas protégés contre les éruptions solaires, car le dispositif est coûteux, lourd et limite leurs fonctionnalités. En outre, une proportion croissante des communications de l'armée et de l'espionnage est gérée par des satellites commerciaux non protégés. En conséquence, une série de tempêtes solaires massives, comme celle attendue pour 2012, pourrait non seulement anéantir les télécommunications commerciales, mais aussi les systèmes militaires.

Le TRACE (Transition Region and Corona Explorer), lancé en 1998, étudie les structures magnétiques, y compris les taches, qui apparaissent sur la surface du Soleil. Le RHESSI (Reuven-Ramaty High Energy Solar Spectrocopic Imager) a fourni des clichés rayons X et rayons gamma des éruptions solaires depuis 2002. Le satellite du SORCE, dirigé depuis 2003 par le laboratoire de physique laser et spectre (LASP) de l'université du Colorado, a pour mission d'étudier les effets du soleil sur l'atmosphère terrestre. Fin 2006, la NASA lancera Stereo, un couple de satellites qui fonctionneront comme deux yeux pour fournir des vues tridimensionnelles des éjections de masse coronale. Également lancé en 2006, le satellite Yokoh B fournira des images haute résolution des événements solaires. Début 2008, le Solar Dynamics Observatory de la NASA étudiera l'impact des événements solaires sur la Terre.

Une armada étudie donc le Soleil. Tant de temps, d'argent et de savoir-faire auraient-ils été investis dans ce vaste programme si l'intérêt était purement scientifique ? Peut-être est-il temps que les autorités scientifiques et militaires nous disent la vérité sur les craintes et les motivations qui sous-tendent une telle entreprise de recherche.

Micro-âges glaciaires

La science a aussi sa politique et ses crises. David Hathaway, un physicien solaire qui plus que tout autre a défendu la version officielle prétendant qu'il n'y avait rien d'inhabituel dans l'activité récente du Soleil, a dû connaître un « grand moment de solitude » lors de la parution du rapport du NCAR de 2006 sur le cycle solaire 24 qui prédit une activité solaire record pour 2012. Scientifique respecté et passionné, Hathaway s'est incliné devant l'évidence. Il suscita cependant l'incompréhension de bon nombre de ses confrères quand, plusieurs semaines après, il décréta que le cycle de taches solaires suivant, le cycle solaire 25, supposé culminer aux environs de 2022, serait nettement au-dessous de la moyenne. Certaines personnes ne veulent jamais s'avouer vaincues.

Le réconfort que je trouvai dans les prévisions de baisse d'activité solaire de Hathaway commença à s'éroder quand je me rappelai ce que m'avait dit Gerardo Barrios concernant la relation Terre-Soleil. Barrios faisait simplement observer que, comme dans toute autre relation, c'était le déséquilibre qui constituait la menace. Trop de taches, pas assez... Les problèmes peuvent provenir d'un extrême comme de l'autre.

Dieu nous protège d'un autre Minimum Maunder, une période de soixante-dix ans entre 1645 et 1715 au cours de laquelle le nombre de taches solaires observées au télescope diminua jusqu'à une cinquantaine alors qu'on aurait dû en compter sept cents, sinon mille. On pense que le Minimum Maunder a été causé par l'expansion en volume du Soleil, causant une diminution de sa densité, ainsi que par le ralentissement de sa rotation. Le résultat a été un Soleil moins énergétique et moins émissif qui a produit moins de chaleur.

Le Minimum Maunder coïncida avec ce qu'on appelle aujourd'hui la « petite ère glaciaire », qui semble avoir commencé aux alentours de l'année 1300 de notre ère, quand l'Europe connut des étés trop pauvres en journées ensoleillées pour faire croître les récoltes. Puis est survenue la Grande Famine de

1315-1317, avec ses inondations au printemps, à l'été et à l'automne, empêchant les céréales de mûrir. Plus d'un million de personnes souffrirent de cette famine, ce qui conduisit entre autres à des abandons d'enfants en masse.

Les hivers de l'hémisphère nord devinrent progressivement plus froids, pour atteindre leur record au milieu du XVIIe siècle, époque du Minimum Maunder. En Suisse, les glaciers alpins avancèrent. Aux Pays-Bas, canaux et rivières gelèrent. La colonie viking d'Islande perdit la moitié de sa population alors que celle du Groenland périt entièrement. En Afrique, on signala de la neige dans maintes régions où elle n'apparaît pas aujourd'hui. Tombouctou, ancienne ville universitaire d'Éthiopie, fut inondée à plusieurs reprises.

Dans l'Europe continentale, les tensions politiques croissantes résultant des difficiles conditions climatiques débouchèrent sur la guerre de Trente Ans (1618-1648). En Allemagne, à cause des famines, guerres et maladies, la mortalité atteignit 15 à 20 % de la population. L'Angleterre fut déstabilisée par deux guerres civiles. Rien d'étonnant si cette époque coïncida avec la colonisation de l'Amérique. Persécutions religieuses ? Et la menace de famine généralisée, alors ? Il faut être sacrément désespéré pour sauter sur un petit navire en bois branlant et prendre la mer. La première célébration de Thanksgiving eut lieu en reconnaissance d'un premier bon repas.

Les moralistes parmi nous frémiront peut-être d'entendre accuser les taches solaires de la décadence d'une société jusqu'au cannibalisme, mais selon Sultan

Hameed, un physicien solaire de Stony Brook qui fit la plus passionnante intervention au séminaire du SORCE, le Minimum Maunder coïncide étroitement avec le déclin et la chute de la dynastie Ming en Chine. S'appuyant sur les archives méticuleuses compilées pendant deux mille ans par des fonctionnaires chinois, Hameed a démontré que, entre 1628 et 1643, la Chine connut quinze ans d'une sécheresse sévère, alors que, par le passé, trois années des mêmes conditions avaient suffi à provoquer la famine. Disette, maladies, nuées de sauterelles et enfin cannibalisme généralisé précipitèrent des révoltes spontanées dans différentes parties de l'Empire, qui se conclurent par le renversement des Ming par les Mandchous, lesquels fondèrent la dynastie Qing, au pouvoir jusqu'en 1911.

Imaginez, si la Chine d'aujourd'hui, avec son milliard et demi d'habitants, en passe de devenir la première puissance économique mondiale, devait à nouveau affronter quinze ans de sécheresse. Le pays sombrerait dans le chaos, ce qui aurait des conséquences sur tout le reste du monde. Une superpuissance déstabilisée est dangereuse. Le dernier épisode insurrectionnel en Chine, au milieu du XXe siècle, lorsque les communistes de Mao prirent le pouvoir, fit 20 millions de morts au bas mot. Sans le contrepoids de la Chine, la Corée du Nord et l'Iran pourraient devenir plus téméraires et plus belliqueux. Et l'économie planétaire souffrirait considérablement si le flux de marchandises chinoises bon marché était tari.

Quand Jupiter s'aligne avec Mars

La volonté de discréditer les informations qui font peur est compréhensible. J'étais venu au séminaire du SORCE pour comprendre le lien entre les tempêtes solaires et les tempêtes terrestres. Qu'il y en ait un ne fait pour moi aucun doute. J'étais confiant dans la capacité des scientifiques réunis de répondre à mes interrogations : pourquoi les grands cyclones de 2005 avaient-ils précédé et suivi la terrible semaine de tempêtes solaires du 7 au 13 septembre ? Ce n'est pourtant que plus tard que je découvris les travaux d'un groupe de recherche affirmant que les planètes, la Terre *y compris*, contribuent à provoquer les taches solaires autant qu'elles en subissent l'influence. Il se trouve que les configurations et alignements des planètes ont une influence considérable sur le Soleil. Cette révélation me rappela une expérience très agréable et très lointaine.

Rien n'aurait pu rendre un adolescent plus optimiste. Je suis du signe du Verseau, et, pour mon quatorzième anniversaire, on m'offrit une place pour une représentation de la comédie musicale *Hair* qui se jouait à Broadway. Lors de la chanson finale avant l'entracte, toute la troupe se déshabilla pour entonner *The Age of Aquarius* (l'ère du Verseau). Une vingtaine de personnes toutes nues, dont la moitié de jolies filles, annonçaient la venue d'une nouvelle époque – la mienne.

Quand la Lune entre dans la septième maison
Et que Jupiter s'aligne avec Mars...

Les astrologues partent du principe que les alignements planétaires ont un sens. Avant de me documenter pour écrire cet ouvrage, je n'avais jamais pris cette hypothèse au sérieux. Je trouvais l'astrologie divertissante, mais tout à fait indigne de respectabilité scientifique. Certes, comme beaucoup, il m'arrivait d'être frappé par la justesse d'un thème astral, mais je l'imputais plutôt au sens psychologique affûté de l'astrologue qu'aux mouvements des planètes. Reste que l'étude des configurations planétaires n'est pas dénuée de valeur scientifique. Les planètes exercent en permanence une influence magnétique et gravitationnelle significative sur le Soleil – influence jusqu'ici largement négligée. Au premier abord, le sens commun rejette cette affirmation : comment des corps célestes comparativement aussi petits et inertes pourraient-ils agir sur le mastodonte solaire autour duquel ils orbitent ? Seulement voilà, n'oublions pas que le Soleil, contrairement aux planètes, est liquide et visqueux. Comme de la gelée, il est bien plus sensible aux attractions et poussées magnétiques et gravitationnelles.

Situés du côté le plus proche du Soleil de ce grand vide rempli d'astéroïdes qui sépare Mars de Jupiter, Mercure, Vénus, la Terre et Mars sont ce qu'on appelle « les planètes inférieures ». Des quatre, la Terre est dotée de la masse, du champ gravitationnel et du champ magnétique les plus importants.

Qu'un système d'aller-retour énergétique existe entre la Terre et le Soleil modifie radicalement la perspective : d'une transmission considérée comme univoque Terre-Soleil, on passe à une relation réciproque (bien que toujours déséquilibrée). L'hypothèse selon laquelle cyclones, volcans, séismes et autres incidents climatiques et sismiques au cours desquels de vastes quantités d'énergie sont libérées pourraient à la fois causer les taches solaires et être provoqués par elles est donc parfaitement plausible.

La valse se danse à deux

La valse se danse à deux, et celle du système solaire, en l'occurrence, à douze – Soleil, dix planètes (y compris la nouvelle Planète X) ainsi que la Lune, qui est beaucoup plus grosse que toutes les autres lunes du système solaire et représente donc un facteur gravitationnel significatif.

L'Immensité vitale, pavé universitaire de mille pages considéré comme la bible des géoscientifiques, propose un condensé des connaissances sur la manière dont les planètes, notamment la Terre, affectent aux plans électromagnétique et gravitationnel le comportement solaire. Tout comme les astrologues calculent les angles des planètes pour déterminer leur influence relative, ainsi font Pasichnyk et consorts. La plus grande influence combinée peut survenir lorsque les planètes sont alignées (formant entre elles un angle nul), ou quand elles sont en opposition (180°), voire en angle droit (90°). Certaines configurations sont plus efficaces pour provoquer des fissures sur la couche externe du Soleil, alors que d'autres ont apparemment plus tendance à lui remuer les entrailles.

« Le champ magnétique terrestre subit des modifications d'intensité qui reflètent l'ampleur des changements de l'activité solaire avant qu'ils ne se produisent sur le Soleil... Les données magnétiques pour la Terre lors d'un minimum solaire indiquent la profondeur du maximum suivant », écrit Pasichnyk (p. 869). En d'autres termes, les modifications du champ magnétique terrestre précèdent, et contribuent probablement à provoquer, celles du Soleil.

Il est intéressant de noter que la période des grands cyclones de 2005 a encadré la semaine d'activité solaire record du 7 au 13 septembre. Katrina a précédé de peu les éruptions solaires, puis Rita, Stan et Wilma les ont suivies presque immédiatement.

Les adeptes de religions dites primitives qui personnifient le Soleil n'auraient probablement aucune peine à comprendre cette dynamique. Selon leurs croyances, la Terre et le Soleil sont en relation, l'une influençant l'autre et réciproquement, pour le meilleur comme pour le pire.

Planètes et étoiles sont des aimants géants. Pour comprendre comment elles interagissent, imaginez que vous tenez un aimant dans chaque main. Écartez d'abord les mains afin d'empêcher toute interaction magnétique. Ensuite, rapprochez lentement les mains. À un moment donné, vous allez sentir une force, soit d'attraction, soit de répulsion, selon l'orientation de leurs pôles. Faites tourner les aimants et de l'électricité (en quantité infime) sera générée entre eux. En l'occurrence, différents angles et positions créeraient des champs magnétiques de caractéristiques et intensités différentes. L'interaction entre deux planètes est similaire. Maintenant, ajoutez un troisième aimant, disons un million de fois plus gros et plus puissant que ceux que vous tenez, placé dans un gros bloc de gélatine au milieu de la pièce. Cet immense aimant est analogue au Soleil et il entretiendra des relations électromagnétiques puissantes avec chacun des aimants que vous tenez.

Ce que nous avons tendance à oublier cependant, c'est qu'à leur manière, les petits aimants dans vos mains influencent la masse gélatineuse au milieu de la pièce. Même si ce gros bloc est largement plus puissant que ces deux petits aimants, il est gélatineux, donc plus sensible à la moindre turbulence.

Revenons aux aimants dans vos mains. Écartez les mains suffisamment pour que les aimants n'interagissent pas, puis tournez les mains dans n'importe quelle direction. Quelle que soit la distance d'écartement de vos mains ou leur angle, chaque aimant exerce une force gravitationnelle. Chaque main aussi. Mais la gravité est faible, comme le prouve le fait que vous ne sentiez pas les aimants ni vos mains attirées l'une vers l'autre. Newton nous a enseigné que l'attraction gravitationnelle entre deux objets est proportionnelle à leur masse et inversement proportionnelle au carré de la distance qui les sépare. Donc, si l'attraction gravitationnelle entre deux objets d'un kilo séparés d'un mètre est définie comme 1 G, la force d'attraction entre ces mêmes objets séparés de deux mètres serait de ¼ G. Une séparation de trois mètres produirait une attraction de 1/9 G, etc. Facteur plus important que la masse, la distance dilue très efficacement l'attraction gravitationnelle. Inversement, alors que la distance diminue linéairement, la force gravitationnelle augmente géométriquement.

À mesure que les planètes tournent, elles sortent d'alignements qui amplifient, modifient et/ou annulent leurs effets magnétiques et gravitationnels sur le Soleil. Celui-ci, certes, exerce sa propre influence, immense, mais, étant un bloc de gelée incandescente, il est aussi plus sensible aux poussées et aux attractions que les planètes denses et dures qui tournent autour de lui.

Voilà qui fait descendre le Soleil de son piédestal. Depuis que Copernic nous a forcés à rabattre de notre superbe en nous convainquant que la Terre tourne autour du Soleil et non le contraire, l'astre s'apparente au Tout-Puissant. Et bien que tout le monde sache qu'il n'est rien de plus qu'une étoile parmi des milliards d'autres, un élément d'une immense galaxie elle-même incluse parmi les milliers d'un univers infini, nous n'avons d'yeux que pour sa lumière. Aussi l'idée que notre minuscule Terre soit capable de déranger la grande chaudière solaire est-elle à peu près aussi sacrilège que de penser que nous, humains, puissions causer du tort à Dieu.

Raz-de-marée planétaire

On pourrait se figurer que le centre de masse du système solaire soit situé quelque part dans le Soleil, qui est bien plus massif que toutes les autres planètes, lunes et astéroïdes réunis. En fait, ce centre de masse est constamment en déplacement, en raison des structures d'orbites et des alignements planétaires, et il peut s'éloigner jusqu'à 1,6 million de kilomètres du Soleil, explique Thomas Burgess, physicien quantique qui partage son temps entre les laboratoires Livermore près de Berkeley, en Californie, et les laboratoires Sandia National d'Albuquerque, dans le Nouveau-Mexique.

Imaginez que votre centre de gravité ne soit plus à l'intérieur de votre corps mais déplacé vers un point extérieur quelconque. Vous pencheriez évidemment dans cette direction et modifieriez vos mouvements en conséquence. Le Soleil ne penche pas, mais il oscille et enfle dans la direction du centre de masse du système solaire. Plus la force d'attraction gravitationnelle qui s'exerce sur lui est forte, plus il est probable que sa surface se fissure, relâchant ce que l'on appelle une « radiation captive », terme qui décrit la quantité incommensurable de radiation emprisonnée à l'intérieur du Soleil, parfois depuis des dizaines de milliers d'années. Dans des circonstances normales, ces radiations s'échappent de l'astre en un flux plus ou moins régulier, mais, lorsque sa surface se déchire, la radiation captive peut être relâchée sous forme d'éruptions importantes.

« La radiation captive peut s'échapper de la surface du Soleil par une déchirure ou même un gonflement négatif [dépression à la surface du Soleil] », souligne Burgess. Selon ses calculs, le prochain pic dans les forces d'attraction planétaires, soit la somme totale de force gravitationnelle des planètes sur le Soleil, surviendra vers la fin de l'année 2012. Le maximum solaire, également prévu – coïncidence – cette année-là, renforcera les tensions que doit subir le Soleil. Les pôles magnétiques de l'astre, qui s'inversent tous les vingt-deux ans, en d'autres termes au point culminant de chaque second cycle, sont également censés changer en 2012, ce qui ne fera que rendre la situation d'autant plus instable.

La synergie résultante des pressions gravitationnelles et électromagnétiques sur le Soleil ne peut que déformer sa surface, libérant des mégadécharges de radiation captive, d'une espèce bien plus mortelle que celles que la Terre a connues depuis l'apparition de l'homo sapiens.

ESPACE

Quelle assemblée ! Quatre astronomes, tous titulaires d'un doctorat, un ingénieur, un chimiste et moi, diplômé de littérature, tous issus de l'université de Californie de San Diego, nous sommes en train de boire et de rire tout en traçant des schémas et en nous chamaillant sur les phénomènes naturels. Vers 1 heure du matin, Ernest, le plus jeune et le plus brillant astronome, se prend la tête dans les mains et annonce au bout d'un moment :

– La loi du mouvement angulaire prouve que l'univers est isotrope.

Un silence s'abat sur la cuisine. Tout le monde est médusé, surtout moi, étant donné que je n'ai pas la moindre idée de ce que cela peut signifier, mais, voyant que tous les autres sont impressionnés par cette observation, je la note dans mon calepin avant de me coucher.

Plusieurs semaines après, j'assiste à une soirée élégante dans les collines de La Jolla, en Californie, où un physicien de l'université de San Diego se répand en long, en large et en travers sur les vertus et la valeur de la physique, science du réel. *Nous sommes en 1977 et la théorie du Big Bang, qui supplante la Genèse comme mythe de la création, est la première fondée sur des faits.*

L'année suivante, en 1978, Arno Penzias et Robert Wilson remportent le prix Nobel de physique pour avoir découvert qu'une partie des radiations micro-ondes ambiantes de l'univers sont des vestiges de l'explosion du Big Bang. Du coup, une demi-douzaine d'entre nous, y compris mon conseiller d'orientation, nous faisons cercle autour de ce professeur de physique, qui s'attribue pratiquement le mérite de dévoiler les secrets du cosmos, et cela m'ennuie énormément car ma copine, Priscilla, une linguiste jolie comme une surfeuse, est suspendue à ses lèvres. Il n'y a qu'une seule chose à faire.

– Je suis parvenu à la conclusion que la loi du mouvement angulaire prouve que l'univers est isotrope, annoncé-je posément.

Si on m'avait demandé de préciser ma pensée, je me serais effondré. Le professeur de physique s'est contenté de répondre :

– Eh bien, vous n'y allez pas de main morte.

Puis il a quitté le groupe pour aller y réfléchir dans son coin.

Avance rapide, vingt-huit ans plus tard. Mon entretien avec le Dr Alexei Dmitriev, pour lequel j'ai fait le voyage de Los Angeles jusqu'en Sibérie, en plein hiver, rien que ça, se termine dans dix minutes. Une grande partie de cette partie de mon livre est consacrée aux théories iconoclastes de Dmitriev sur l'hétérogénéité du continuum espace-temps, une conversation très compliquée, surtout par l'intermédiaire d'un interprète. Je m'y perds, je pose une question totalement hors sujet, m'offusque, pose une question encore plus idiote, et du coup Dmitriev commence à regarder sa montre et à chercher une échappatoire. Il n'y a plus qu'une seule chose à faire.

– J'ai toujours cru que la loi du mouvement angulaire prouvait que l'univers était isotrope, confié-je.

La compassion se lit sur le visage de Dmitriev, qui se penche vers moi.

– Nous l'avons tous cru, Larry. Je l'ai même enseigné à mes étudiants quand j'étais plus jeune. Il n'y a pas de raison

d'avoir honte, m'apaise-t-il avant d'ajouter : sachant ce que nous savons aujourd'hui, il m'arrive de regretter que ce ne soit pas juste.

Deux heures de conversation passionnante plus tard, suivies d'entretiens sur le même sujet, je ressors avec la plus claire explication scientifique des raisons pour lesquelles notre planète – et en fait, tout le système solaire – pourrait se diriger vers un désastre aux alentours de 2012. Quant à la loi du mouvement angulaire, je ne sais toujours pas si elle prouve que l'univers est isotrope. Et je ne veux pas le savoir.

Pourquoi rompre l'enchantement ?

– 8 –

EN ROUTE POUR LE NUAGE D'ÉNERGIE

« Vol Delta 2012. Vol Delta 2012. Embarquement immédiat porte 7. »

En quittant Los Angeles pour la Sibérie, deux nombres me sautent aux yeux sur ma carte d'embarquement : « 2012 » et « 7 », qui est mon chiffre porte-bonheur et la date de mon anniversaire. Me plonger dans mon enquête sur 2012 m'a rendu un peu superstitieux. Vais-je monter dans l'avion ? Ou bien est-ce un bon présage pour la suite de mes recherches ? Et si c'est bon pour le livre, est-ce une mauvaise nouvelle pour le monde ? Je suis franchement perdu. Taches solaires, cyclones, séismes, volcans, physiciens solaires, chamanes mayas... il me faut un autre point de vue. Je me rends à Novossibirsk, capitale de la Sibérie, pour rencontrer le Dr Alexei Dmitriev, géophysicien de l'Académie russe des sciences, et tout savoir sur la zone de danger galactique qui menace le Soleil, la Terre et le reste du système solaire.

À mesure que le Soleil tourne autour du centre de la galaxie, il croise différentes zones de l'espace, certaines plus énergisées que d'autres. Selon Dmitriev, tous les signaux sont au rouge : nous sommes en train de traverser un orage interstellaire.

« L'accroissement de l'activité solaire est le résultat direct de l'augmentation des flux de matière, d'énergie et d'information que nous connaissons à mesure que nous pénétrons dans le nuage d'énergie interstellaire. Le Soleil subit de nouvelles contraintes et nous subissons le contrecoup de ces contraintes sur notre planète, avait écrit Dmitriev. Le temps restant, avant que des scénarios de catastrophe globale ne deviennent réalité, ne dépasse pas vingt ou trente révolutions de la Terre autour du Soleil. Ce n'est pas une exagération : d'ailleurs, nous considérons cette prédiction comme relativement optimiste. »

À soixante ans, Dmitriev a un curriculum vitae impressionnant, avec plus de trois cents publications scientifiques, la plupart en géophysique et météorologie, concernant à la fois la Terre et les autres planètes. Il est l'auteur de plusieurs ouvrages spécialisés et a reçu de nombreuses distinctions et récompenses, dont le « Symbole d'Honneur » (*Znak Pocheta*), qui couronne la mise au point de nouvelles méthodes de prospection du pétrole et de minéraux stratégiques comme le nickel, l'or et l'uranium.

Malgré toutes ces références, rien ne garantissait que ce ne soit pas un cinglé. Tenter de le contacter avait été tellement compliqué que j'avais failli annuler le voyage en Russie. Il n'était jamais à son bureau et, les trois premières fois que j'appelai, on me raccrocha au nez. Des intermédiaires anglophones intervinrent, fixèrent des rendez-vous téléphoniques qui ne furent pas honorés avec des prétextes comme : « Le

Dr Dmitriev est parti étudier un cyclone. Il reviendra dans un mois. » Il me fallut dix semaines pour lui parler enfin, et il me proposa alors de lui faxer mes questions. Je les fis traduire en russe, les envoyai par fax et par e-mail, mais je ne reçus jamais de réponse.

Le travail de Dmitriev sur le nuage d'énergie interstellaire s'inscrit dans la grande tradition de la science spatiale russe. Les futurs historiens écriront peut-être un jour que les Russes étaient aussi obsédés par l'espace que les Mayas par l'étude du ciel. Avec une économie quatre fois moins performante que le système américain et un niveau de vie encore plus bas, l'Union soviétique réussit pendant des décennies à talonner les États-Unis dans la course à l'exploration spatiale : le lancement du premier satellite, Spoutnik, en 1959 fut suivi de celui des premières sondes lunaires, Luna 2 et Luna 3. En 1961, ils envoyèrent dans l'espace le premier cosmonaute, Youri Gagarine, conçurent la première station spatiale, Saliout, en 1971, avant d'établir Mir, en 1986, qui fonctionna jusqu'en 2001.

J'étais vraiment curieux de rencontrer Dmitriev et ses collègues, mais lorsque l'avion amorça sa descente sur Moscou, où je devais passer quelques jours, je me surpris à freiner instinctivement, comme le passager d'une voiture qui pressent l'accident. Sans doute cette réaction était-elle due au souvenir de mon père, qui n'aurait pas été content, mais alors pas du tout, que son fils se rende dans la capitale soviétique.

Mon père avait été prisonnier en Italie durant la Seconde Guerre mondiale, et il se considérait comme chanceux parce que ses deux meilleurs copains étaient morts dans des tranchées à côté de lui lors de la bataille où il avait fini par être capturé. Le ministère de la Guerre l'avait confondu avec un autre Edward D. Joseph et avait envoyé par erreur à ses parents un télégramme leur annonçant qu'il avait été amputé des deux bras et des deux jambes. Refusant de croire à la nouvelle, sa mère était allée à l'église catholique maronite Saint Anthony's de Danbury, dans le Connecticut, et avait avancé à genoux jusqu'à l'autel en pleurant, en priant et en maudissant le Seigneur. Et cela avait donc marché.

Revenu à la maison, après six mois de cauchemars durant lesquels il se levait au beau milieu de la nuit, courait dans le jardin creuser une tranchée avant de se jeter dedans en hurlant : « Les Boches arrivent ! », mon père avait peu à peu renoué avec une existence normale. Il éprouva alors le besoin de combler le vide que la défaite du fascisme avait créé : il fallait se trouver un nouvel ennemi, et ce fut le communisme.

Par deux fois, je m'attirai les foudres de mon père en affichant des opinions « communistes ». Comme beaucoup de garçons des années 1960 , je rêvais de devenir astronaute, ce qui remplissait mon père de fierté. Un jour, il me présenta à son nouveau patron, et me demanda de lui révéler l'identité de l'homme que j'admirais le plus au monde. Il s'attendait, bien sûr, à ce que je cite John Glenn, qui pilota la première mission américaine orbitale autour de la Terre.

« Youri Gagarine », répondis-je avec un grand sourire.

La seconde fois, j'avais environ dix ans et, alors que je montais l'escalier menant à notre appartement,

Dieu sait pourquoi, je chantonnai : « Maman communiste, maman communiste ». Je devais aimer les allitérations en *m*. Mon père entra dans une colère noire. Nous étions en pleine guerre froide, à la fin de l'époque McCarthy, où l'accusation la plus infondée de sympathies communistes pouvait ruiner une existence.

Jusqu'à la chute du mur de Berlin en 1989, un livre incluant le mot « apocalypse » dans son titre aurait probablement traité de l'holocauste nucléaire, conséquence inévitable d'un conflit imminent entre les États-Unis et l'URSS. En 1986, je travaillais d'ailleurs sur une série de la chaîne ABC, *Amerika*, marathon post-apocalyptique de quatorze heures se déroulant dans un avenir indéfini, où nous nous étions rendus sans combattre aux communistes afin d'éviter un conflit nucléaire généralisé et inutile. D'après ce scénario, les Soviétiques démantelaient nos infrastructures et charcutaient le pays en républiques impuissantes, jusqu'au moment où le Heartland – la république qui comprenait le Kansas, le Nebraska et leurs environs – se révoltait héroïquement. Ironie de l'histoire, l'empire soviétique s'est effondré et a donné naissance à des républiques indépendantes dont bon nombre sont impuissantes. Et au moins l'une d'entre elles, la Géorgie, est en rébellion ouverte.

Dans le taxi qui me conduit de l'aéroport au centre de Moscou, je ne peux m'empêcher de penser que je roule en territoire ennemi, malgré les évolutions géopolitiques. La guerre froide est-elle terminée, ou juste suspendue ? Comme beaucoup de baby-boomers, j'ai grandi avec l'image du Premier secrétaire Nikita

Khrouchtchev martelant de sa chaussure le pupitre de l'Assemblée générale des Nations unies en braillant : « Nous vous écraserons ! » à l'adresse des États-Unis. Alors que je contemple la foule qui se presse sur les trottoirs, je ne peux m'empêcher de penser : « Alors ce sont ces gens qui ont failli avoir raison de nous ? » Réciproquement, je ne doute pas un seul instant de la stupéfaction des Russes quand ils voient pour la première fois des Américains biberonnés au Big Mac et à Mickey.

Traverser la Place Rouge, où les Soviétiques faisaient défiler leur arsenal nucléaire chaque 1er mai, me rappelle que les prophéties pour 2012 pourraient aussi se réaliser à travers des catastrophes causées par l'homme. Il est certain que quelques-unes de ces têtes nucléaires ont quitté le pays. Dans quelles mains sont-elles tombées ? L'ennemi choisira-t-il cette date symbolique – qui sera aussi une année d'élections présidentielles américaines et celle des jeux Olympiques d'été de Londres – pour nous attaquer ?

Arrivé à mon hôtel, je vérifie ma boîte mail et je trouve un message de Dmitriev annonçant qu'il « fera de son mieux » pour honorer notre rendez-vous.

Si je traverse la moitié du monde pour arriver en Sibérie et que ce type me fait faux bond...

Pour que le voyage ne soit pas un échec complet, je parcours Moscou pour m'imprégner de sa culture. Dans le musée Pouchkine, je tombe sur le portrait de saint Jean-Baptiste par le Greco, le tableau que j'aime le plus au monde. Le Greco a dépeint Jean-Baptiste comme un païen sensible, presque pré-humain, et pourtant avec toute la profondeur qu'il fallait au personnage pour sa mission sacrée : préparer le monde à la venue du Fils de Dieu.

Je n'ai vu ce tableau qu'une seule fois auparavant, le 22 juin 2000, date de ma dernière entrevue avec James Lovelock, protagoniste de mon premier livre. C'était à Valence, en Espagne, où l'American Geophysical Union tenait sa deuxième conférence d'une semaine sur l'Hypothèse Gaia de Lovelock, selon laquelle la Terre est un super organisme et non un bloc inanimé de terre et d'eau.

Tomber sur cette peinture à Moscou, si loin de sa demeure habituelle en Espagne, me stupéfie. (Il se trouve qu'il existe quatre portraits presque identiques de saint Jean-Baptiste par le Greco, respectivement à Valence, Moscou, San Francisco et dans une autre ville.) Mais quelques jours plus tard, je tombe des nues lorsque je finis par rencontrer Alexei Dmitriev. C'est le sosie exact de James Lovelock, avec une moustache tellement parfaite qu'on la croirait fausse. Deux kilos et deux centimètres séparent ces deux brillants savants à cheveux blancs. Tous les deux vivent et travaillent hors des sentiers battus (Akademgodorok, une petite ville de Sibérie ; Saint Giles-on-the-Heath, un hameau blotti au fin fond de la campagne anglaise) et tous deux sont porteurs de messages passionnants concernant le destin de la Terre.

Le système solaire se réchauffe

Selon Dmitriev, il existe trois sources d'énergie importantes qui sont niées ou totalement minimisées par les scientifiques orthodoxes : 1) les conditions dynamiques et incrémentales du milieu interplanétaire ; 2) les effets énergétiques de la configuration planétaire du système solaire ; 3) les impulsions provenant du centre de la galaxie. D'après le scientifique, au-delà du réchauffement planétaire, c'est tout le système solaire qui se réchauffe.

La plupart d'entre nous avons appris, sans trop nous en soucier, que nous nous déplaçons constamment sans le sentir. Au-delà de la rotation quotidienne de la Terre et de sa révolution annuelle autour du Soleil, nous sommes les passagers du système solaire, qui se déplace selon une orbite indéfinie à travers la Voie lactée, laquelle se déplace dans Dieu sait quelle direction à travers l'univers. Si ces mouvements nous paraissent sans incidence directe, rien n'exclut la possibilité que le système solaire puisse un jour rencontrer un ensemble de circonstances nouvelles et éventuellement hostiles, à l'image d'un vaisseau traversant des turbulences. L'espace interstellaire n'est absolument pas sûr de demeurer uniformément noir, froid et vide.

Je retrouve enfin Dmitriev les 15 et 16 novembre 2005, au Symposium international sur les facteurs héliogéophysiques de la santé humaine, qui se déroule au Centre scientifique de médecine clinique et expérimentale du détachement sibérien de l'Académie des sciences de Russie, à Akademgorodok, où Dmitriev a vécu la majeure partie de sa carrière.

Akademgorodok est une utopie perdue au milieu de nulle part, fondée à la fin des années 1950 à une cinquantaine de kilomètres de Novossibirsk pour devenir le centre des recherches ultrasecrètes menées par les Soviétiques dans le domaine de l'armement, des applications spatiales, de la médecine expérimentale et des études parapsychologiques, dont on espérait des débouchés dans l'espionnage. Les personnalités les plus brillantes de la science russe n'étaient pas vraiment exilées dans ce village niché dans une forêt en bordure d'un lac, mais juste à l'abri des tentations et des regards inquisiteurs de l'Ouest. Cela n'avait rien d'un goulag. Akademgorodok était équipé des meilleures installations et il y régnait une liberté intellectuelle et culturelle comme on en attendait peu de l'État soviétique. Ce qui ressemblait le plus à Woodstock dans l'histoire de l'URSS était le festival annuel de mai à Akademgorodok. Sans compter qu'il y avait là un café branché qui proposait poésie, musique et toutes sortes d'autres délices subversives.

Aujourd'hui, le café est devenu une banque. On raconte qu'Intel est en train de construire un parc industriel non loin. Et la boutique New York Pizza exhibe une statue de la Liberté éclairée par un néon blanc. Mais la jeune génération n'est pas entièrement convaincue. Elle quitte Akademgorodok pour Moscou, pour l'Ouest, même si la ville ne s'en sort pas si mal. Sa population ne baisse que de quelques dixièmes de point par an, alors que les projections officielles pour l'ensemble de la Russie font état d'une perte de 25 % sur les vingt prochaines années, l'âge moyen gagnant au moins dix ans.

La génération de Dmitriev, elle, est installée pour de bon. Les salaires ne leur permettraient pas d'acheter ne serait-ce qu'un placard à Moscou. En outre, la tradition d'expérimentation secrète et la liberté de mener des recherches sur tout ce qui pourrait donner un avantage à la Mère Patrie n'auraient pas d'équivalent ailleurs. À la conférence où je retrouve Dmitriev, j'offre le déjeuner à mon interprète, Olga Loukachenko, une jeune doctorante brillante. Pour nous deux, l'addition se monte à 1,50 dollar, soupe, sandwich, boisson et dessert compris – mais pas de serviette.

* * *

Juger les gens sur leurs vêtements est une habitude vulgaire. Costumes clinquants, chemises blanches amidonnées et cravates en polyester entourent Dmitriev qui a l'air, en comparaison, tout vêtu de cachemire (mélangé). Il vient de publier un nouveau texte scientifique et, après avoir pris le temps d'en dédicacer quelques exemplaires, il explique que la thèse selon laquelle l'espace interstellaire n'est pas homogène est tout à fait logique et cohérente avec ce que nous devrions avoir appris au cours d'un demi-siècle d'exploration spatiale.

Prenons les océans, par exemple. Les premiers explorateurs avaient tendance à considérer qu'ils étaient homogènes, dotés partout d'à peu près les mêmes caractéristiques. C'était une bonne chose, car cela permit aux premiers navigateurs de s'élancer avec confiance. Puis, à mesure qu'ils en acquéraient une expérience directe, ils commencèrent à distinguer hauteurs de vagues, profondeurs, courants, fonds marins, formations rocheuses et coralliennes. Cela ne bouleversa pas fondamentalement les notions de départ : par exemple, l'eau de mer est salée partout (ce qui la rend imbuvable tout comme l'espace est irrespirable), assez profonde pour qu'on puisse s'y noyer, et plus ou moins dangereuse. Mais du calme limpide de l'océan Indien – source apparemment improbable de tsunamis meurtriers – aux mers démontées de l'Atlantique nord, les marins finirent par discerner des différences essentielles dans ce qui était jusque-là considéré comme uniforme.

Il en est de même pour l'espace. On s'est longtemps contenté de penser que c'était partout du vide et qu'à l'intérieur du système solaire les conditions variaient surtout selon la distance par rapport au Soleil. On considérait en conséquence les caractéristiques de l'espace interstellaire, dont notre connaissance directe est encore moindre, comme encore plus homogènes. Dmitriev n'est certes pas le premier à avoir contesté ces présupposés et mis en évidence des variations, mais il est sans conteste le premier à avoir compris comment l'hétérogénéité de l'espace affecte notre situation actuelle.

Comme un pilote qui vous aboie d'attacher vos ceintures ou un capitaine criant à l'équipage de fermer les sabords, Dmitriev nous annonce que la turbulence qui nous attend ne relève pas de la spéculation théorique.

Pour visualiser ce qui arrive à notre système solaire, oubliez les modèles classiques appris à l'école. Imaginez plutôt une vaste sphère de lumière, appelée héliosphère. Cette sphère est plus lumineuse en son centre, où se trouve le Soleil, et de plus en plus sombre à mesure que l'on s'en éloigne. Les différentes planètes et leurs satellites, astéroïdes, comètes et débris, tournent, orbitent et filent au sein de cette grosse boule de lumière. L'héliosphère, elle aussi, se déplace dans l'espace, perchée sur un bras de notre galaxie qui tourne également sur elle-même et se déplace à grande vitesse.

On a longtemps pensé que ce déplacement était sans heurt. À présent, Dmitriev explique que l'héliosphère a rencontré un milieu difficile, plus précisément des bandes magnétisées et des striations contenant hydrogène, hélium, ions hydroxyles (un atome d'hydrogène attaché par une seule liaison à un atome d'oxygène) et d'autres éléments ou composés : des débris spatiaux résultant peut-être de l'explosion d'une étoile.

Comme tout autre objet voyageant au sein d'un milieu – un navire sur l'eau, par exemple – l'héliosphère génère une onde de choc devant elle en écartant les particules de l'espace interstellaire. Cette onde de choc est de plus en plus large et épaisse depuis que l'héliosphère est entrée dans cette région plus dense de l'espace, où les particules à écarter sont plus nombreuses. Selon Dmitriev, l'onde de choc de l'héliosphère a décuplé, passant de 3 ou 4 UA à au moins 40 UA (l'unité UA, unité astronomique, est la distance Terre-Soleil, soit approximativement 150 millions de kilomètres).

« Cette onde de choc qui s'épaissit a provoqué la formation de parois de plasma s'accumulant autour du système solaire, puis se répandant dans des domaines interplanétaires... Cette percée constitue une sorte de donation de matière et d'énergie depuis l'espace interplanétaire jusqu'au système solaire », écrit Dmitriev dans son étude controversée, *Planetophysical State of the Earth and Life* (*IICA Transactions*, Volume 4, 1997), traduit du russe et publié sur le Net par le Millenium Group (1998).

En d'autres termes, l'onde de choc a enveloppé la « proue » de l'héliosphère, tout comme les flammes enveloppent l'avant et les flancs de la navette spatiale à sa rentrée dans l'atmosphère, sauf que la navette possède des boucliers spécialement conçus pour l'empêcher de brûler. Selon Dmitriev, l'onde de choc se propage maintenant au sein de l'héliosphère, pénétrant dans des régions où des boucliers anti-chaleur devraient se trouver, si notre Seigneur avait jugé bon d'en équiper notre système solaire. Le résultat est que d'énormes quantités d'énergie sont injectées dans le milieu interplanétaire, bouleversant le comportement du Soleil et le champ magnétique terrestre, voire exacerbant le réchauffement planétaire que nous connaissons actuellement.

Dmitriev et ses confrères ont découvert l'onde de choc en analysant les données envoyées par la mission Voyager depuis les confins du système solaire. Les deux satellites ont été lancés en 1977, à l'occasion – rare – de l'alignement de Jupiter, Saturne, Uranus et Neptune qui permettait d'utiliser le champ gravitationnel de ces planètes pour parvenir à des vitesses autrement impossibles à atteindre. Voyager I et II ont transmis durant une décennie des informations détaillées sur les lunes, anneaux et environnements magnétiques des planètes supérieures, puis se sont dirigés en 1988 vers l'héliopause, frontière entre le système solaire et l'espace interstellaire à quelque 16 milliards de kilomètres du Soleil.

Dmitriev et ses confrères ont comparé les données de Voyager à celles plus récentes des publications scientifiques russes et occidentales ainsi qu'aux informations de la NASA et de l'ESA. Ils ont découvert des preuves que, depuis les minuscules lunes glacées orbitant autour des planètes lointaines jusqu'au cœur du Soleil lui-même, l'héliosphère a un comportement plus agité et turbulent qu'il y a une vingtaine d'années, époque des premières mesures de Voyager.

Le nuage d'énergie interstellaire a été beaucoup étudié par les scientifiques russes, notamment Vladimir B. Baranov, qui, en 1995, a été nommé professeur Soros à l'université de Moscou. Cette distinction est décernée par George Soros, le milliardaire célèbre pour « collectionner » les génies créatifs et scientifiques. Le travail de Baranov sur l'hydrodynamique du plasma interplanétaire et la décélération du vent solaire par le milieu interstellaire a été largement publié en Russie, notamment dans le *Soros Educational Journal.* Baranov a développé un modèle mathématique de l'héliosphère, fondé sur les données de Voyager. Lors d'une conférence tenue à Moscou en 1999 pour fêter son soixante-cinquième anniversaire, des spécialistes de l'espace venus de Russie, d'Europe et des États-Unis ont étudié le modèle de Baranov, qui agrège à 96 % les données de Voyager, les informations plus récentes de la NASA et de l'ESA, et les estimations de Dmitriev, selon lequel l'héliosphère restera durant 3 000 ans au sein de l'onde de choc.

Celle-ci est plus forte à « l'avant » de l'héliosphère qui progresse dans l'espace, tout comme le sillage d'un bateau est plus agité à la proue, point où la coque fend l'eau. En conséquence, elle a le plus d'impact sur les atmosphères, climats et champs magnétiques des planètes supérieures : Jupiter, Saturne, Neptune, Pluton et à présent la dixième planète, la Planète X. (Certains astronomes ne sont pas certains que Pluton et la Planète X méritent le qualificatif de planètes plutôt que de planétoïdes, mais au-delà d'une réticence sentimentale à rétrograder Pluton, ce débat n'entre pas dans le cadre de ce livre.)

Uranus et Neptune ont subi une inversion des pôles, semblable à celle que bon nombre de scientifiques prédisent pour la Terre. Les atmosphères de ces deux planètes brillent davantage et semblent se réchauffer, ce qui se produirait dans le cas d'un apport supplémentaire d'énergie. Des aurores polaires, ces illuminations spectaculaires causées par de brusques irruptions de radiations dans l'atmosphère, sont apparues récemment sur Saturne qui, à la fin du mois de janvier 2006, a offert aux astronomes une tempête de la taille de Mars, avec des éclairs mille fois plus violents que ceux de la Terre. Des geysers du type du Yellowstone ont été vus pour la première fois en éruption sur Encelade, l'une des lunes de Saturne.

Jupiter montre certains des effets les plus prononcés de l'onde de choc. La plus grosse planète de l'héliosphère a vu doubler la taille de son champ magnétique, qui s'étend désormais jusqu'à Saturne. Les champs magnétiques sont des champs d'énergie : le doublement de leur taille implique le doublement de la quantité d'énergie qui les alimente. Depuis la Terre, le champ magnétique de Jupiter, s'il était visible, apparaîtrait plus grand que le Soleil à l'œil nu. Des aurores ont commencé à briller entre Jupiter et Io, l'un de ses satellites, qui connaît également une activité volcanique sans précédent. Mais le plus troublant est la découverte, en mars 2006, d'une nouvelle tache rouge qui grandit sur Jupiter et qui représente un orage électromagnétique éternel, à peu près de la taille de la Terre.

Les astronomes ont suivi cette tache rouge, officiellement baptisée « Ovale BA », depuis l'année 2000, lorsque trois taches plus petites se sont rencontrées et ont fusionné. L'Ovale BA a fini par atteindre la moitié de la taille de la grande tache rouge originelle de Jupiter, la tempête la plus violente de tout le système solaire, et qui fait rage depuis au moins trois siècles.

« Nous surveillons Jupiter depuis des années pour voir si l'Ovale BA vire au rouge, ce qui semble se produire actuellement », déclare le Dr Glenn Orton, astronome du Jet Propulsion Laboratory (JPL) de Pasadena, en Californie. Orton explique que la couleur rouge de plus en plus sombre de l'Ovale BA indique que la tempête grandit et s'intensifie. D'où provient l'énergie qui l'alimente ? Le JPL ne propose aucune explication. Dmitriev et Baranov accusent l'onde de choc, qui déverse de l'énergie dans l'atmosphère de Jupiter, déclenchant des orages électriques et des éruptions volcaniques.

Les effets de l'onde de choc ont également commencé à être détectés sur les planètes inférieures. L'atmosphère de Mars devient plus dense et donc potentiellement plus propice à la vie, puisqu'une atmosphère dense offre une meilleure protection aux radiations solaires et cosmiques. Celle de Vénus change de composition chimique et optique, devenant plus lumineuse, ce qui indique qu'elle contient plus d'énergie.

Bien que le Soleil soit au centre de l'héliosphère, et donc le plus éloigné de l'onde de choc, il est beaucoup plus sensible aux apports d'énergie que les planètes. Tout comme l'eau ne peut pas absorber l'eau et la terre absorber la terre, la masse en fusion d'énergie qu'est le Soleil ne peut pas absorber et dissiper l'énergie aussi efficacement que le matériau dur et froid des planètes. En conséquence, même les premiers apports d'énergie relativement faibles de l'onde de choc ont un impact significatif sur le Soleil.

Or, comme le souligne Dmitriev, ce qui perturbe le Soleil nous perturbe. Selon le scientifique, toutes les planètes, la Terre y compris, sont prises dans un étau, subissant l'impact de l'onde de choc directement, mais aussi indirectement en conséquence de l'agitation qu'elle provoque dans le Soleil. « Il y a des signes fiables et sans ambiguïté de ce phénomène menaçant [l'onde de choc], liés à la Terre et à l'espace adjacent. Ce qui importe pour nous est de les comprendre, de les accepter et de nous efforcer de survivre », déclare Dmitriev.

Double malédiction

Si la Terre devenait inhabitable, le dernier recours de l'humanité serait de s'établir ailleurs dans l'espace.

La Lune a bien sûr été le premier choix envisagé, en raison de sa proximité et de la probabilité croissante de la présence de quantités importantes de glace pouvant être liquéfiée et électrolysée pour produire de l'oxygène. Mars ainsi que Io, l'un des satellites de Jupiter, ont été également évoqués. Un mouvement a émergé autour de cette idée : fonder des colonies spatiales était une nécessité urgente, et non plus seulement l'expression de notre esprit d'aventure.

« La mission est de protéger l'espèce humaine et sa civilisation d'une destruction causée par une catastrophe planétaire, qu'il s'agisse d'une guerre nucléaire, d'un acte terroriste, de fléaux biologiques ou de collisions d'astéroïdes. Pour remplir sa mission, l'Arc (Alliance to Rescue Civilization) s'est donné pour objectif de bâtir des infrastructures durables et d'installer du personnel sur la Lune et d'autres endroits éloignés de la Terre. Ces installations abriteront des copies de notre héritage culturel et scientifique ainsi que des espèces importantes pour notre civilisation. En cas de catastrophe planétaire, nous serons prêts à réintroduire cet héritage perdu – technologie, art, histoire, semences, bétail et, si nécessaire, même des êtres humains », écrit William E. Burrows, professeur de journalisme de l'université de New York et l'un des dirigeants de l'Arc.

Répartir le risque pour garantir notre survie, telle est l'idée. Mais si Dmitriev a vu juste et que nous nous dirigeons vers un nuage d'énergie interstellaire, tout le système solaire sera dans la même situation périlleuse que la Terre. En d'autres termes, nos œufs vont devoir voyager extrêmement loin pour trouver un autre panier plus sûr. À tout le moins, nous devons trouver un autre système solaire comme refuge, assez proche pour que des êtres humains, éventuellement cryogénisés, survivent au voyage. Dans cette course à la survie, l'avant-poste le plus proche est le système d'Alpha du Centaure, composé de trois étoiles : A, B et Proxima. Alpha Centauri A est semblable au Soleil et pourrait comporter des planètes habitables orbitant autour d'elle. La bonne nouvelle, c'est qu'elle est l'étoile la plus proche de nous. La mauvaise, c'est que « proche » signifie en l'occurrence 40 milliards de kilomètres. Il faudrait quatre ans pour y arriver en voyageant à la vitesse de la lumière, soit 300 000 kilomètres/seconde. À la louche, la technologie spatiale actuelle nous y mènerait en un demi-million d'années environ, ce qui, restons positifs, représente beaucoup moins de temps qu'il n'en faudrait pour qu'une nouvelle espèce plus sage que la nôtre apparaisse après que le nuage d'énergie de Dmitriev nous aura réduits à l'état de microbes.

Les travaux sont en cours. Dans le sud-ouest du Nouveau-Mexique, les individus, sectes et mouvements les plus obscurs rivalisent d'ardeur et de manigances financières pour bâtir, qui leur spatioport, qui une ville souterraine (parce que, si elle était en surface, les gens se poseraient des questions), élever du bétail modifié, stocker des vivres et construire un vaisseau spatial modulaire permettant à un groupe de 160 000 (le nombre idéal) ou 144 000 (l'autre nombre idéal) individus triés sur le volet de quitter la Terre juste avant qu'elle ne vole en éclats, en décembre 2012, et de s'élever, grâce à un réacteur à fusion nucléaire miniature, jusqu'à un système solaire voisin que nous appellerons par commodité « Rom », et où une planète de type M, semblable à la Terre, attend d'être colonisée.

J'ai rencontré quelques-uns de ces types qui étaient prêts à me donner une place en première classe pour Rom, et probablement me laisser piloter leur fichu vaisseau spatial, à condition que je leur achète une Toyota.

– 9 –

À TRAVERS LE MIROIR

Ce n'était certainement pas la cuisine géorgienne, savoureux mélange de robuste cuisine russe et de saine cuisine moyen-orientale, qui me fit faire mon cauchemar. Cette cuisine communiste était si délicieuse que même mon père se serait laissé aller à y piocher, non sans m'avoir dûment rappelé que Staline était géorgien et à certains égards pire qu'Hitler. Peut-être fut-ce le trajet de retour. On pourrait croire que les Sibériens savent conduire dans la neige, mais non, j'ai prié et baissé la tête comme mon taxi rasta. Évidemment, quand on étudie l'apocalypse en 2012, les mauvais rêves sont les risques du métier, quoique j'aie étonnamment bien dormi la plus grande partie de la nuit, à part quelques visions de grand requin blanc. Probablement faut-il mettre cela sur le compte de la chambre de mon hôtel à Novossibirsk. Les toilettes portaient une petite bande de papier indiquant « Désinfecté ». Mais pas le rideau de la douche.

Que la mousse sur le rideau représente le plus grand triomphe de l'histoire de la Terre, et peut-être de tout le système solaire, s'accommode bien du royaume subconscient des rêves. Il y a 2,5 milliards d'années, c'est en effet une révolte du monde souterrain, celui des cyanobactéries, qui a provoqué le chaos le plus mortel, mais aussi la vie que nous connaissons aujourd'hui.

Avant l'arrivée des cyanobactéries, la vie terrestre était limitée aux organismes anaérobies (qui fuient l'oxygène). Ces bactéries se cachaient du soleil et, à travers un processus de fermentation, dégradaient les gaz comme le sulfure d'hydrogène, vomi en grandes quantités par les volcans. L'un des composés qu'elles étaient incapables de digérer était l'hydroxyde d'hydrogène, l'eau, substance la plus abondante sur la surface de la Terre. Aussi, après un milliard d'années passées à grignoter dans les ténèbres pour fabriquer leur version préhistorique du vin, du fromage et de la sauce soja, les ferments furent remplacés par les cyanobactéries, qui sortirent au soleil et en utilisèrent la puissante lumière pour dissocier les atomes de la molécule d'H_2O. L'hydrogène ainsi libéré se combina au dioxyde de carbone atmosphérique pour former sucres et hydrates de carbone qui, un peu plus tard sur le chemin de l'évolution, furent métabolisés par les plantes primitives.

Au début, l'oxygène libéré par les cyanobactéries fut absorbé par l'oxydation des métaux et par d'autres gaz, notamment le méthane. Mais au bout d'à peu près un million d'années, l'oxygène commença à remplir l'air, passant de 1 % de l'atmosphère avant l'apparition des cyanobactéries à un niveau approchant celui que nous connaissons actuellement, 21 %, selon Heinrich Holland, géochimiste d'Harvard. Tout, à part les quelques organismes anaérobies qui purent se réfugier dans la vase ou sous les rochers, fut nettoyé par l'oxygène.

Ce fut la plus grande pollution de toute l'histoire de notre planète, et elle força les cyanobactéries à sortir de leur manche leur deuxième atout. Après l'échec d'innombrables expérimentations avec l'oxygène, elles apprirent finalement à respirer le déchet créé par leur métabolisme. C'est un beau tour de passe-passe, étant donné que, par définition, un déchet est toxique pour l'organisme qui le produit. L'effort valait la peine : la respiration aérobie se révéla merveilleusement efficace, dix-huit fois plus que son équivalent anaérobie.

« Les cyanobactéries avaient à présent à la fois la photosynthèse qui produisait de l'oxygène et la respiration qui le consommait. Elles avaient trouvé leur place au soleil », écrivent Lynn Margulis et Dorion Sagan (*Microcosmos : quatre milliards d'années d'évolution microbienne*, 1986, p. 55).

Bien qu'encore présentes sous leur forme originelle – entre autres, la mousse sur le rideau de douche de ma chambre d'hôtel –, les cyanobactéries ont pour la plupart évolué depuis longtemps en chloroplastes, les systèmes de photosynthèse des cellules végétales. La photosynthèse, si avancée soit-elle, n'est toujours pas capable de transformer le sel qui existe sur Terre en quantités incalculables. Le chlorure de sodium et d'autres sels présents dans l'eau de mer détériorent les membranes cellulaires et court-circuitent leurs processus chimiques. Cependant, selon Margulis, il existe des communautés microbiennes constituées de nombreuses espèces différentes qui ont appris à coopérer entre elles et extraient sans danger le sel de l'eau de mer, avant de l'isoler et de le faire disparaître pour qu'il ne se transforme pas en solution.

Imaginez une communauté microbienne qui serait capable non seulement de dessaler l'eau de mer, mais d'utiliser pour la photosynthèse l'eau douce ainsi créée. L'idée n'est pas si tirée par les cheveux, étant donné l'histoire désormais célèbre des réacteurs nucléaires naturels d'Oklo, la mine d'uranium française au Gabon. Lorsque les premières cargaisons de minerai furent apportées au traitement, on s'aperçut que l'isotope U235 fissile en avait été extrait en totalité. On soupçonna des terroristes. Les autorités craignaient le pire. Mais tout le monde se détendit quand il fut révélé que le voleur avait commis son larcin entre deux et deux milliards et demi d'années plus tôt, à l'époque où l'oxygène avait commencé à imprégner l'atmosphère africaine. Il semble que le minerai d'uranium jusque-là insoluble ait été oxydé, dissous dans l'eau du sol et emporté dans les rivières. Les bactéries apprirent comment le recueillir et le traiter, accumulant finalement assez d'U235 pour atteindre la masse critique. Une réaction en chaîne démarra et continua, avec une production d'énergie qui atteignait le kilowatt, pendant des millions d'années, tandis que les bactéries dispersaient les déchets dans l'environnement sous la forme de produits stables de la fission.

Si les bactéries peuvent apprendre comment construire un réacteur nucléaire, elles peuvent également apprendre à dessaler l'eau de mer, puis à photosynthétiser ce qu'il en reste. Mais si les eaux de l'océan étaient dissociées en oxygène et hydrogène libres tourbillonnant dans l'atmosphère, des tempêtes de feu feraient rage. Du point de vue humain, ce serait l'apocalypse suprême. La Terre s'en remettrait et s'adapterait néanmoins très probablement, tout comme elle l'a fait lorsque l'oxygène arriva et empoisonna l'air, poussant une nouvelle espèce (de bactéries), plus intelligente, à évoluer. Ces incendies n'étaient pas un problème durant la première crise de l'oxygène il y a 2,5 milliards d'années, car il n'y avait rien à brûler sur la Terre, ni plantes ni matériaux organiques.

Les bactéries mettant le feu aux océans : voilà en gros ce qu'était mon cauchemar, sauf que le système solaire tout entier finissait en flammes, comme si le Soleil avait atteint une masse hypercritique et perdu le contrôle de sa fusion thermonucléaire. Il faisait exploser le vaste océan de ténèbres de l'espace en un tsunami de vagues de feu hautes d'un million de kilomètres qui s'écrasaient sur les îles que sont les planètes et les consumaient comme des boules de papier journal.

Quand on agace Gaia

Personne ne sait si le triomphe des cyanobactéries primordiales n'était qu'une étape du processus d'évolution interne de la Terre ou s'il fut enclenché par quelque facteur d'origine extraterrestre, comme le passage du système solaire dans un nuage d'énergie interstellaire. Si Dmitriev a raison et que de tels nuages existent, nul ne peut dire combien de fois nous en avons déjà traversé ni s'il s'agit ou non d'un phénomène cyclique.

« Les effets sur la Terre [d'un passage au travers d'un nuage d'énergie interstellaire] sont perceptibles dans l'accélération du déplacement du pôle magnétique, dans la distribution horizontale et verticale de l'ozone, et dans l'accroissement de fréquence et de magnitude des événements sismiques significatifs, écrit Dmitriev. Les réponses adaptatives de la biosphère et de l'humanité à ces nouvelles conditions pourraient conduire à une complète modification de l'ensemble des espèces et de la vie sur la Terre. »

Le concept de biosphère, l'enveloppe de la vie, qui s'étend du fond des océans jusqu'aux sommets des montagnes et l'atmosphère, rappelle l'hypothèse Gaia de James Lovelock, selon laquelle la Terre se comporte pratiquement comme un organisme vivant qui s'adapte et se régule pour compenser les perturbations extérieures. Ce mécanisme est appelé « homéostasie » : c'est ce que Lovelock qualifie de « sagesse inconsciente de l'organisme ». Si la biosphère devait brusquement se réchauffer, par exemple en raison du passage dans un nuage d'énergie interstellaire, elle trouverait un moyen de se refroidir, non pas en le décidant consciemment, mais de manière automatique, tout comme notre corps transpire pour se rafraîchir. Le mécanisme adaptatif de la biosphère au réchauffement pourrait trouver des solutions allant de l'augmentation de la couverture nuageuse pour abriter la Terre d'un Soleil trop puissant, jusqu'au déclenchement de l'éruption d'un supervolcan, comme celui du lac Toba, il y a 74 000 ans, qui plongea la planète dans une période glaciaire.

La capacité de la biosphère de s'adapter pour maintenir un équilibre viable a bien entendu des limites. Et ce mécanisme compensatoire diminue à mesure que les composants clés de la biosphère, ce que Lovelock appelle ses « organes vitaux », sont affaiblis.

Beaucoup d'encre a coulé sur les conséquences écologiques néfastes de la destruction de la forêt tropicale, qui agit comme un système de climatisation géant dans les zones les plus chaudes de la planète. La forêt tropicale génère des nuages, qui protègent la Terre, et ces nuages produisent à leur tour de grandes quantités de pluies, qui rafraîchissent les régions équatoriales et empêchent leur désertification. Bien que les forêts pluviales soient parfois comparées aux « poumons » de la Terre, elles agissent plutôt comme la peau, en raison de leur capacité de produire de l'humidité – la transpiration – et de rafraîchir la planète. La peau est l'organe le plus étendu du corps humain : si une surface trop importante est brûlée, la survie de l'organisme est compromise.

« Le scénario apocalyptique privilégié est qu'il existe un seuil de l'augmentation de température au-delà duquel un réchauffement rapide devient irréversible et impossible à maîtriser. Ce seuil se situe quelque part entre deux et trois degrés, et si nous ne faisons rien, il sera atteint dans vingt à quarante ans. C'est un problème qui concerne surtout nos enfants et petits-enfants, mais qui n'en demeure pas moins inquiétant », écrit Lovelock.

Grâce à ses connaissances en exploitation minière, Dmitriev a identifié un nouvel « organe vital » de la biosphère : « Puisque la Terre est un énorme organisme hautement organisé, chacune de ses unités structurelles, ou territoires, comme les systèmes montagneux, rivières, failles tectoniques, dépôts de minerais, champs pétroliers, etc., joue un certain rôle fonctionnel dans son existence et dans ses relations avec le monde extérieur. Par exemple, les dépôts de minerais ferreux maintiennent la stabilité climatique parce qu'ils font le lien entre l'activité électrique de l'atmosphère et l'activité électrique sous la surface terrestre. »

Que la capacité des minerais ferreux et d'autres métaux de conduire chaleur et électricité à travers la croûte terrestre jusqu'au manteau soit vitale pour l'écologie planétaire est là encore un fait qui paraît évident. Or ces métaux ont été extraits en quantités phénoménales depuis le début de la révolution industrielle, il y a cent cinquante ans, époque où a commencé par ailleurs le réchauffement climatique. Selon Dmitriev, l'exploitation minière a diminué la capacité de la Terre d'absorber l'excès d'énergie de l'atmosphère. Cela contribue à expliquer l'accroissement de la violence des cyclones, d'autant plus chargés en énergie par la présence de l'onde de choc.

Si la Terre perd sa faculté d'absorber l'excès d'électricité atmosphérique et que nous recevons davantage d'énergie en raison de la traversée du nuage interstellaire, nous devons trouver des mécanismes compensatoires, car personne n'envisage de cesser d'extraire le fer ou autres métaux indispensables à notre économie. Existe-t-il des zones de conductivité qui, comme les forêts pluviales, devraient être protégées pour le bien de l'écologie globale ? À quel stade cette perte de conductivité deviendra-t-elle irréversible ?

Imaginez un instant à quel point la suggestion de Dmitriev est mal reçue : réduire ou cesser l'extraction minière en Sibérie, l'un des plus vastes réservoirs de ressources naturelles. Avec ses 10 millions de kilomètres carrés, un territoire plus étendu que les États-Unis pour seulement un douzième de sa population – 25 millions –, la Sibérie ne demande qu'à connaître le développement. Je verrais bien les Chinois s'en charger. Gravement surpeuplée, la Chine serait ravie d'y loger en dix ans entre 50 et 100 millions d'individus. Elle est en passe de devenir la deuxième puissance économique mondiale, avec toutes les ressources nécessaires pour extraire le pétrole et les minerais sibériens.

Sauver la Sibérie ? L'idée de Dmitriev n'est pas si farfelue. Si la forêt pluviale amazonienne est le système de refroidissement de notre planète, peut-être que les gisements miniers de Sibérie et d'autres régions en sont les dissipateurs d'énergie – fonction écologique dont nous n'avons pas envie de nous passer si nous sommes vraiment en train de nous diriger vers un nuage d'énergie interstellaire qui injecte dans notre système climatique un surcroît d'énergie.

Aperçu de la noosphère

Au cas où mon cauchemar d'incinération générale du système solaire se réaliserait, l'existence de la biosphère signifierait au moins que la Terre brûlerait très différemment des autres planètes. On peut toujours compter sur la vie pour résister vaillamment lorsqu'elle est menacée de mort. Elle s'enfouit dans le sol, se replie sous la forme de spores ou, dans le cas de l'espèce humaine, envoie des bataillons de pompiers dans les bâtiments en feu.

Ce n'est pas le cas des substances inanimées qui, pour autant que nous le sachions, constituent toutes les autres planètes et astéroïdes, ainsi bien sûr que le Soleil. Ces amas sans vie sont peut-être plus faciles ou plus difficiles à brûler, selon leur composition, mais ils ne ripostent pas comme la vie.

Selon V. I. Vernadsky, l'écoplanétologue russe dont s'inspire Dmitriev, la biosphère est en l'occurrence constituée pour transformer et diffuser chaleur, lumière et radiations. Vernadsky a compris que la biosphère était la couche intermédiaire où s'opéraient les échanges avec le Soleil et toutes les énergies cosmiques nous parvenant. En conséquence, toute modification du Soleil ou du cosmos se traduit directement par des changements dans la vie terrestre. « La biosphère est au moins autant une création du Soleil que le résultat d'un processus terrestre. Les antiques intuitions religieuses qui considéraient les créatures terrestres, l'homme en particulier, comme les enfants du Soleil étaient bien plus près de la vérité que ne le conçoivent ceux qui ne voient dans les êtres vivants terrestres que de simples créations éphémères produites accidentellement par l'interaction de matières et de forces aveugles. Les créatures terrestres, fruit de processus longs et complexes, sont une partie essentielle d'un mécanisme cosmique harmonieux, dans lequel il est connu que des lois fixées s'appliquent et que le hasard n'existe pas », écrit Vernadsky dans *La Biosphère* (p. 44).

Ignorer le génie considérable de Vernadsky est l'un des scandales des annales de la science américaine. Tel est le message de l'équipe d'universitaires de douze nationalités différentes qui a compilé *La Biosphère : édition complète annotée* (Copernicus/Springer-Verlag, 1997). Cette première traduction anglaise des travaux majeurs de Vernadsky est parue soixante-dix ans après la publication de l'ouvrage original en russe, en français et dans d'autres langues européennes. En Russie, Vernadsky est aussi célèbre qu'Einstein, Darwin et Mendel. Les Européens connaissent tout autant son travail. Mais pas les scientifiques anglophones. Même Lovelock ne découvrit Vernadsky qu'après cette traduction tardive.

On peut toutefois regretter que l'équipe de scientifiques occidentaux qui a ressuscité l'ouvrage de Vernadsky n'ait pas fait le même travail pour ses écrits sur la « noosphère ». Vernadsky considérait cette « noosphère » comme la couche mentale qui enveloppe la planète, la somme totale de toutes nos pensées et souvenirs jusqu'à aujourd'hui. Développé avec Pierre Teilhard de Chardin, paléontologue et philosophe français, le concept de noosphère recouvre le produit, l'aboutissement de tous les esprits de la planète. La communication psychique peut être comprise comme une navigation dans la noosphère. Ceux qui seraient tentés de balayer cette notion comme farfelue pourraient considérer que le *World Wide Web*, la toile virtuelle géante de l'Internet, proposition ridicule ne serait-ce qu'un demi-siècle avant sa naissance, réunit une grande partie des caractéristiques de « l'esprit global » conçu par Vernadsky.

J'ai eu un aperçu de la noosphère à deux reprises dans mes cinquante-deux années d'existence. La première fois, j'avais vingt ans et je suivais un séminaire de méditation de quatre jours que ma mère m'avait offert pour mon diplôme. Rétrospectivement, je me rends compte que le séminaire était un peu « léger », survolant rapidement relaxation, visualisation, biofeedback et association libre. La plus grande partie de la dernière journée fut consacrée à des « exercices de lecture » à deux : l'un des binômes prononçait le prénom d'une personne malade de sa connaissance et se concentrait mentalement sur son image. L'autre utilisait des techniques de méditation pour accéder à cette image mentale, déterminer l'affection et envoyer au malade une lumière blanche supposée le guérir.

Mon équipière, une femme d'âge mûr, fut la première à se lancer et annonça que le prénom de la malade était Helen. Je « descendis à mon niveau » – jargon du séminaire signifiant respirer lentement en comptant à rebours – et entrevis une vague image d'Helen, puis je vis une rose sortir de ses fesses. Voilà une maladie bien particulière. Heureusement, notre formateur nous avait avertis qu'une fois en médiation nous risquions de voir les événements de manière symbolique, et j'en déduisis donc que quelque chose avait été enlevé dans cette partie du corps d'Helen. Je devinai qu'elle avait subi une hystérectomie. Je considérai ce résultat comme un succès, mais qui signifiait peu de chose, étant donné qu'à l'époque, en 1974, la communauté médicale vous enlevait les ovaires avec autant de frénésie que les amygdales.

Lorsque vint mon tour, étant adolescent, je décidai de faire le malin. Je donnai comme prénom Dana, qui convient au deux sexes, empêchant ainsi tout indice. Et Dana ne souffrait guère, étant donné que c'était un basketteur de l'université, musclé, 1,93 mètre, qui s'était foulé le genou et portait une attelle un peu compliquée. Mon équipière perçut une « raideur dans la jambe », ce qui était assez impressionnant, même si j'avais peut-être attiré son attention en bougeant ou en désignant involontairement ma propre jambe. Elle ajouta alors que Dana avait « quelque chose dans l'épaule, un morceau de fruit ». C'était la goutte d'eau : ma mère avait perdu son argent et moi mon temps. Dana Burke, aujourd'hui un médecin renommé, n'avait jamais porté de fruit dans son épaule.

Juste avant la fin du séminaire, mon subconscient finit par se réveiller. Je me souvins que Dana s'était fait une blessure suffisamment grave à l'épaule pour le dispenser d'être envoyé au Vietnam. Il portait sur l'épaule une grosse cicatrice et une vis métallique à l'intérieur.

Bon, il est possible que je me sois rappelé la vis inconsciemment et qu'à travers un langage corporel involontaire j'aie attiré l'attention de mon équipière sur mon épaule au point qu'elle en déduise la présence d'un corps étranger, mais c'est un peu trop tiré par les cheveux. L'explication la plus simple étant toujours la meilleure, mon équipière avait d'une manière ou d'une autre vu l'épaule de Dana. Mais où, précisément, se trouverait une telle image ? La réponse de Vernadsky serait : dans la noosphère.

Ma seconde incursion dans ce domaine remonte à la lecture de mon thème astral par Anne Stander. L'astrologue avait évoqué mon divorce et d'autres questions. Je l'avais trouvée assez perspicace, jusqu'au moment où elle avait soutenu que je m'étais blessé la main cinq ans plus tôt. Cela ne m'avait rien évoqué du tout. Trop de temps passé devant mon ordinateur m'avait parfois fait souffrir du syndrome du tunnel carpien, mais ce n'était pas cela. Anne persistait à dire que je m'étais gravement blessé à la main cinq ans auparavant. J'avais demandé à mon épouse si elle se souvenait de cela. Elle m'avait regardé comme si j'étais fou. Presque exactement cinq ans plus tôt, je m'étais ouvert la main en coupant du potiron pour faire une tarte. Il y avait eu tant de sang dans la salle de bains qu'on aurait cru que j'avais égorgé un veau. Et le tout s'était terminé aux urgences avec cinq points de suture.

Mélange d'amnésie hystérique et de déni de mâle endurci, j'avais totalement occulté l'incident. Pas de cicatrice, pas d'invalidité, personne n'en avait plus jamais parlé. Stander l'avait vue, clairement, mais là, elle n'avait pas « lu dans mon esprit ». Cette information était quelque part, et très probablement, dans la noosphère de Vernadsky.

Capitaine d'Islande

Ce qu'il adviendrait au juste de la noosphère au cas où la biosphère serait détruite avec le système solaire dépasse le cadre de cet ouvrage. Mais cela n'aurait rien de bon. En revanche, une question plus urgente est de savoir si la noosphère contient la moindre information capitale sur ce qui nous attend en 2012.

Hélas, l'unique homme qui aurait été le mieux à même de voir venir la tempête de 2012 n'est plus de ce monde. J'ai eu malgré tout un jour le privilège de lui rendre visite. Le capitaine Eirkur Kristofersson avait à l'époque cent ans. Ce petit homme robuste, avec sa courte barbe argentée, avait commandé pendant des années des vedettes des gardes-côtes islandais. C'était un véritable héros. Les murs de sa chambre dans la maison de retraite médicalisée de Reykjavik étaient tapissés de médailles, récompenses, coupures de presse et livres racontant un nombre record de sauvetages en mer.

À l'écart de ces souvenirs se trouvait une photo en noir et blanc, encadrée, représentant un homme au regard noir et perçant : Magnus, un ami médecin décédé depuis longtemps, qui avait été le guide spirituel de Kristofersson depuis la Seconde Guerre mondiale.

Tout au long de sa carrière, Kristofersson attribua à Magnus sa faculté de « voir et entendre des choses invisibles et inaudibles pour les autres », comme il disait. En 1956, Kristofersson venait à peine de guider son bâtiment à bon port durant une violente tempête lorsqu'il reçut de Magnus l'instruction de reprendre la mer. Aucune communication radio ou autre transmission conventionnelle ne fut reçue, ce qu'attestèrent vigoureusement par la suite le radio et l'équipage terrifiés. Malgré cela, Kristofersson fit volte-face et retourna dans la tempête. Au bout de quelques heures, le navire gagna péniblement les coordonnées indiquées. Ils y trouvèrent un navire anglais, le *Northern Star*, qui, huit personnes le confirmèrent, sombrait depuis douze heures et coula définitivement juste après que le dernier homme, le capitaine, eut été sauvé. Au voisinage de l'Islande, l'Atlantique nord est la zone où la mer est la plus battue par les vents. Personne n'aurait survécu plus de quelques minutes dans ces vagues tumultueuses et glacées.

« Au début, je ne savais pas d'où me venaient ces intuitions et j'essayais de les ignorer. Mais une fois que j'ai compris que c'était Magnus qui me parlait, je n'ai pas hésité à m'y fier », expliquait Kristofersson.

J'aurais bien aimé qu'un tel mentor m'informe de ce que nous réserve 2012. Bien que ce genre de faculté heurte ma raison, je déplore que l'hypothèse de l'apocalypse soit niée ou ignorée par la communauté scientifique. Kristofersson était un capitaine de métier, qui utilisait tous les instruments conventionnels, mais qui restait ouvert à toute information provenant d'ailleurs. Accepter la diversité des sources et la pluralité des approches concernant 2012 et les considérer comme un tout cohérent est indispensable pour se préparer ensemble à affronter l'avenir.

Un sous-sol en Sibérie

Comme les admirateurs de Dmitriev nous entourent, je m'enhardis à l'interroger sur 2012. Il me scrute longuement, puis il passe à un autre sujet. J'insiste, mais Dmitriev ne veut pas cautionner cette date. Il déclare cependant pour conclure que « la catastrophe planétaire dont nous avons parlé – ouragans, séismes et éruptions survenant au même moment et s'amplifiant mutuellement dans une spirale impossible à contrôler et menaçant l'existence même de notre civilisation moderne – devrait probablement se produire dans quelques années, et non pas quelques décennies ».

Une fois Dmitriev entraîné par sa clique, je me retrouve présenté au Dr Alexander V. Trofimov, directeur général de l'Institut scientifique international de recherches en anthropo-écologie cosmique (ISRICA), et chef de laboratoire au Centre scientifique d'hélioclimatopathologie, de médecine clinique et expérimentale du Détachement sibérien de l'Académie des sciences de Russie. Il m'entraîne au sous-sol voir une très étrange machine.

Le miroir de Kozyrev ressemble à une fleur de deux mètres de haut, avec des miroirs en guise de pétales. Son centre est concave pour accueillir un siège. C'est l'un des nombreux appareils conçus par Nikolai A. Kozyrev, légendaire physicien russe – un voyou ou un génie, selon vos interlocuteurs et le sujet abordé. Kozyrev était convaincu que le temps s'écoule en rayons qui voyagent librement dans le vide de l'espace sidéral, mais qui sont entravés par le champ magnétique terrestre, tout comme la lumière, qui voyage elle aussi librement dans le vide, est diffusée et réfléchie par des objets opaques tels que la Terre et les nuages.

Selon Kozyrev, se brancher sur les rayons de temps faciliterait la communication psychique, puisqu'une grande part de ce que l'on considère comme les phénomènes télépathiques pourrait s'expliquer par le voyage dans le temps, et en premier lieu les prédictions sur l'avenir.

Kozyrev et ses collègues étudièrent les lieux sacrés, naturels ou édifiés par l'homme, et s'aperçurent qu'une grande partie se trouvait dans un endroit où la densité du champ magnétique était basse. Les chercheurs amenèrent ensuite des médiums dans ces lieux, comparèrent leurs performances à celles enregistrées dans d'autres endroits où le champ magnétique était plus fort, et, après avoir croisé les données, conclurent que les médiums étaient plus performants lorsque la densité magnétique était basse.

En conséquence, Kozyrev décida de fabriquer un champ magnétique de faible densité de son invention : un miroir qui réduit le champ magnétique terrestre de cinq cents fois, à peu près l'équivalent de celui que l'on rencontrerait à mille kilomètres d'altitude. Il apporta ensuite ses miroirs dans des lieux à faible densité magnétique – les champs magnétiques tendent à être très localisés dans les latitudes extrêmes, nord et sud – et mena d'autres expériences médiumniques, dans lesquelles un opérateur transmettait mentalement des symboles à un interlocuteur distant qui dessinait et commentait ce qu'il recevait dans son esprit.

Apparemment, les résultats furent assez encourageants pour que les Soviétiques fassent des recherches parapsychologiques une priorité militaire et scientifique. La télépathie fut utilisée comme arme dans tous les domaines, par exemple pour dérégler la télémétrie d'un missile balistique, comme le raconte Thomas

Pynchon dans *V*, ou pour espionner, comme on le suggéra lorsque les Soviétiques réussirent à fabriquer une bombe H aussi rapidement que les États-Unis, alors que leurs infrastructures avaient été anéanties après la Seconde Guerre mondiale et qu'ils ne disposaient que de quelques installations scientifiques. Y avait-il quelque part un bureaucrate soviétique, équivalent du capitaine Kristofersson, qui, lorsqu'on lui présentait des secrets atomiques obtenus par espionnage psychique, surmontait son scepticisme et reconnaissait la valeur de ces informations, malgré les méthodes bizarres par lesquelles elles avaient été obtenues ?

Trofimov s'apprête à me raccompagner à son bureau. Sur un coup de tête, je l'interroge sur 2012.

– Vous devriez poser la question à notre collègue Jose Arguelles. Il mène des expériences avec nous, répond Trofimov en désignant le miroir de Kozyrev.

S'agit-il du Jose Arguelles qui, avec son célèbre et retentissant ouvrage, *Le Facteur Maya*, a plus que tout autre attiré l'attention sur 2012 ? L'artiste mexicain qui pose pour les photos de presse avec sa flûte en bambou aurait-il mené des expériences psychiques dans ce sous-sol avec des savants sibériens ? Certes, comme les chercheurs de l'ISRICA, Arguelles est un universitaire qui a enseigné dans des établissements renommés comme Princeton et l'université de Californie de Davis. Mais ces étranges personnages se rejoignent surtout sur la question de l'espace-temps :

« Les archéologues, bien sûr, ne voient dans le système calendaire maya que cela : une manière de garder trace du temps. Mais personne n'explique pourquoi les Mayas ont consacré autant de temps à cette tâche. Aussi est-il légitime de soupçonner que leur calendrier est bien plus que cela. Leur système numérique, si raffiné, est-il également un moyen d'enregistrer des calibrations harmoniques liées non seulement à des positions dans l'espace-temps, mais aussi à des qualités résonnantes de l'être et de l'expérience, auxquelles la nature ou notre prédisposition matérialiste nous rend aveugles ? » interroge Arguelles dans son livre (p. 20).

C'est précisément cette capacité de penser en dehors des contraintes de l'espace-temps qu'étudient les chercheurs sibériens en parapsychologie travaillant avec Arguelles. L'espace-temps, ce que les Mayas appelaient *najt*, étant l'un des terrains les plus marécageux de la philosophie contemporaine, nous n'irons pas nous y aventurer. Selon les tenants de la théorie des cordes, il existe onze dimensions, ou plus exactement dix, les dimensions cinq à onze étant intriquées comme un filet qui emprisonne une proie à quatre dimensions, ainsi qu'une dimension supplémentaire qui n'apparaît que lorsque les autres sont totalement déployées. Selon cette théorie, nous vivons dans une « poche » à quatre dimensions dans un univers qui en comprend onze. Creuser plus avant dans cette théorie serait inutilement compliqué et obscur, sauf bien sûr si nous connaissions un moyen de quitter notre poche quadridimensionnelle pour nous réfugier dans les sept autres avant 2012.

Traditionnellement, l'espace-temps est décrit en quatre dimensions : longueur, largeur, hauteur et temps. Que le temps soit considéré comme une dimension est le fruit de l'observation d'Albert Einstein, qui bouleversa d'abord les esprits, avant d'être considérée comme relevant du bon sens. L'espace-temps quadridimensionnel considère tout objet comme un événement. Prenons par exemple le premier appartement que vous ayez visité. Le chemin pour y parvenir commencerait par deux coordonnées correspondant à la longueur et à la largeur, en l'occurrence nord-sud et est-ouest. S'il se trouve à Manhattan, les coordonnées de l'appartement seraient la 67e Rue entre Central Park West et Columbus Avenue. Une troisième coordonnée, la hauteur, correspondrait à l'étage. Mais il existe une autre coordonnée si évidente qu'elle va de soi : la dimension du temps. Si l'immeuble a été construit en 1980 et que vous vous soyez rendu à son adresse en 1979, par exemple, l'appartement ne s'y trouvait pas. Même chose si l'immeuble est démoli avant que vous y arriviez. En conséquence, l'appartement est un événement qui a commencé en 1980 et s'est terminé, par exemple, en 2012.

« Les étoiles sont la condensation matérielle de points d'évolution passant par des stades et des processus jusqu'au moment où elles se désintègrent ou explosent en supernovae, et finalement retournent à la condition de Dieu », écrit Arguelles (*Trône*, p. 212), illustrant à l'échelle céleste le concept « objet comme événement ».

En un certain sens, l'observation d'Einstein selon laquelle le temps est une dimension apparaît plus comme une redécouverte d'une sagesse ancienne que comme une avancée spectaculaire de la science. C'est en tout cas ce que pense notre chamane Carlos Barrios. Mais avant de dénigrer la pensée occidentale, n'oublions pas qu'une caractéristique fondamentale des dimensions est que l'on peut se déplacer en leur sein. Il est possible d'aller vers le nord sur la 68e Rue ou vers le sud sur la 66e, à l'est vers Central Park ou à l'ouest vers Broadway, et de monter ou de descendre dans l'ascenseur vers l'étage de son choix. En revanche, il est impossible de remonter dans le temps à l'époque de la construction de l'immeuble ou d'atteindre le futur lorsqu'il sera démoli.

Le voyage dans le temps semble aussi impossible aujourd'hui que le voyage dans l'espace il y a un siècle. Le voyage mental dans le temps, à travers la noosphère de Vernadsky est peut-être un peu plus plausible. C'était du moins de cela que Kozyrev parlait : son esprit vagabondait peut-être, mais son corps restait toujours au même endroit.

Dmitriev ajoute que la science doit envisager la possibilité du voyage mental dans le temps, en soulignant le fait souvent remarqué que certains animaux paraissent sentir, des heures ou des jours à l'avance, les séismes ou d'autres catastrophes : « Les physiciens ne savent pas pourquoi certains organismes vivants ont une prescience des événements catastrophiques. Voilà qui nous force à modifier notre vision du monde. Il n'est pas constitué seulement de matière et d'énergie, mais aussi d'information. »

Une autre explication est que ces animaux perçoivent simplement les turbulences géomagnétiques qui précèdent les séismes. Par extension, les prédictions des médiums pourraient aussi s'expliquer par une sensibilité supérieure, une intuition surdéveloppée qui, si remarquables soient-elles, ne remettent pas en cause le paradigme fondamental de la cause et de l'effet.

La collaboration entre Mayas et Russes, qui remonte à la Seconde Guerre mondiale, est née d'une étrange coïncidence. Comme le raconte le livre de Michael Coe, *Le Code Maya déchiffré* (Thames & Hudson, 1992), bon nombre de légendes courent sur Youri Knorozov, un jeune soldat de l'Armée Rouge qui, lors de la prise de Berlin, se précipita dans les flammes d'une bibliothèque pour sauver un livre qui, paraît-il, était le seul codex maya restant au monde. Il se trouve qu'il en reste encore d'autres, mais Knorozov l'ignorait alors. Le jeune soldat accepta le défi que lui avait lancé le destin, passa les dix années suivantes à étudier le codex et, dans les années 1950, déchiffra l'écriture maya. Il découvrit que les hiéroglyphes mayas, créés environ cinq siècles avant notre ère, particulièrement complexes, étaient tantôt phonétiques (représentant des sons du langage parlé), tantôt logographiques (représentant des mots entiers ou des concepts).

Knorozov publia ses découvertes dans un magazine russe de linguistique, suscitant l'intérêt pour la culture maya dans toute la communauté universitaire russe, puis du monde entier. Son nom n'apparaît cependant guère dans les milieux spécialistes des Mayas. Au Guatemala, Knorozov n'eut droit qu'à un déjeuner et à une visite des temples, et au Mexique, à un dîner et à une médaille en argent.

Au début des années 1960, à la suite de ses travaux, fut publiée par l'université d'État de Novossibirsk une analyse mathématique en quatre tomes des hiéroglyphes mayas qui posa la première pierre de la collaboration entre Jose Arguelles et les chercheurs de l'ISRICA.

Entre le 29 mai et le 3 juin 2005, Arguelles passa à l'ISRICA dix périodes d'une demi-heure dans le miroir de Kozyrev à transmettre des groupes de cinq symboles, choisis au hasard, à des groupes de 77 à 400 volontaires aux États-Unis. Membres de la Fondation pour la Loi du Temps, fondée par Arguelles, les récepteurs devaient dessiner et commenter les symboles qu'ils voyaient, puis transmettre immédiatement leurs conclusions par e-mail et courrier normal.

À l'heure où j'écris ce livre, les résultats sont encore confidentiels. Cependant, selon Trofimov, les premiers résultats confirment les données que l'équipe de l'ISRICA a rassemblées depuis le début des années 1990. Ils infirment l'idée que les prédictions médiumniques ne seraient que le fruit du hasard ou des exemples de perception conventionnelle plus développée. Les expériences de l'ISRICA suggèrent que les phénomènes psychiques défient la notion conventionnelle du temps : « L'étude des relations transpersonnelles a donné des résultats capitaux. Dans ces expériences, des images qui sont transférées sont perçues *soit vingt-quatre heures après, soit entre vingt et vingt-quatre heures avant* le moment de la transmission d'un signal choisi au hasard par un ordinateur. En d'autres termes, quand un opérateur n'est pas encore informé de ce qu'il va transmettre, ses équipiers récepteurs l'ont déjà perçu vingt-quatre heures auparavant, et en décrivent ou dessinent une image future », écrivent V. P. Kaznacheev et A. V. Trofimov dans *Réflexions sur la vie et l'intelligence sur la planète Terre : problèmes d'anthropo-écologie cosmoplanétaire* (p. 38).

Selon Trofimov, l'expérience d'Arguelles a fourni de très intéressants résultats qui méritent d'être approfondis. Il ajoute : « Jose Arguelles est de toute évidence doué de capacités que l'on qualifie habituellement de télépathiques. »

Arguelles a-t-il réussi d'une manière ou d'une autre à capter d'intéressantes informations sur 2012 ? Trofimov souligne aussitôt que le cadre temporel de ses expériences se limitait à des jours et non à des années. En outre, rien ne concernait 2012. « Mais d'un point de vue personnel, je dirai qu'Arguelles possède des facultés inhabituelles, affirme-t-il. J'aurais donc tendance à accorder foi à toute information qu'il aurait pu recueillir concernant l'année 2012. »

EXTINCTION

« Les frites rondes congelées ont été lancées dans l'ouest de la Pennsylvanie ! »

Si je me souviens bien, c'était annoncé dans la section « nouveaux produits » du magazine Progressive Grocer. *Pourquoi congelées ? Pourquoi rondes ? Et pourquoi l'ouest de la Pennsylvanie ? me demandai-je. Et si c'était moi qui n'étais plus en phase avec la réalité ?*

Si c'est un péché d'être ennuyeux, le jour du Jugement dernier, elle pèsera lourd dans la balance, mon étude de 5 000 pages avec tableaux et diagrammes, sur la croissance, les prévisions de croissance, parts de marché et situation concurrentielle, positionnement marketing, canaux de distribution et tendances, démographie et psychologie du consommateur, que j'avais rendue à Packaged Facts, une filiale de la société new-yorkaise FIND/SVP. Suis-je coupable d'avoir commis Le Marché américain de la pomme de terre, *une analyse de 250 pages comprenant un « coup de projecteur sur la frite torsadée » ? Suis-je coupable de mes trois études marketing consécutives sur les marchés des bonbons, des biscuits et des gâteaux qui m'ont valu dans le milieu le surnom de M. Sucre ? Jusqu'à ce qu'on prouve le contraire, je suis en revanche innocent pour*

Le Marché des Nettoyants WC : Tendances et Perspectives.

Au début de ce livre, j'ai un peu menti en prétendant n'avoir aucune vision médiumnique concernant 2012. J'avais honte d'avouer que ma révélation était liée à mes études de marché. Au début des années 1990, je rédigeai un rapport sur la « gestion par catégories », qui traitait de la manière dont les distributeurs disposent les marchandises sur les étagères. J'arrivai à la conclusion qu'il y avait beaucoup trop d'articles inutiles qui encombraient les rayons. Par exemple, la crème solaire X est déclinée en douze indices de protection différents, plus quatre parfums (banane, fraise, églantine et goyave), sous forme de vaporisateur de voyage, lotion en bonbonne familiale, gel en sachets individuels, etc. Le petit secret inavouable, c'est qu'élargir la gamme n'a d'autre fonction que d'empêcher les marques concurrentes d'occuper les linéaires.

Les biologistes de la population considèrent la prolifération comme un signe précurseur d'extinction. Certaines espèces s'éteignent lentement, tandis que d'autres commencent par une explosion démographique, consomment toutes leurs ressources, développent des armes biologiques et s'effondrent pour se retrouver à un niveau inférieur à celui précédant l'explosion. C'est la raison invoquée depuis toujours pour justifier la chasse : réguler la croissance d'une population, comme tailler un arbre, est une solution plus saine qu'attendre son extinction.

L'explosion démographique est généralement attribuée à la révolution industrielle qui a commencé au milieu du XIX*e siècle. Selon les historiens, jusqu'à cette date, la population mondiale était restée à peu près stable pendant un millénaire, à hauteur d'environ 2 milliards d'individus. Ce chiffre a plus que triplé en un siècle et demi pour atteindre aujourd'hui presque 6,5 milliards. En outre, les gens vivent plus longtemps. En Occident,* *l'espérance de vie a presque doublé depuis la révolution industrielle, passant grosso modo de quarante à soixante-quinze ans. En conséquence, l'impact net des humains sur la planète a plus que quintuplé en une période que, selon les critères historiques et écologiques, on peut qualifier d'éclair.*

Sommes-nous condamnés à disparaître en 2012 ? Serons-nous taillés jusqu'aux racines pour pouvoir refleurir un jour ?

– 10 –

BOUM !

Il y a 65 millions d'années, une comète ou un astéroïde de 10 kilomètres de diamètre s'abattait sur Chicxulub, dans la péninsule mexicaine du Yucatan, creusant un cratère de 175 kilomètres au cœur de ce qui allait un jour devenir le domaine des Mayas. Cet impact, selon Luis Alvarez, le célèbre physicien et prix Nobel de Berkeley, conduisit à l'extinction des dinosaures et à celle d'environ 70 % des autres espèces peuplant la planète.

Aucune tradition culturelle, y compris celle des Mayas, ne remonte au-delà de 75 000 ans, et encore moins de 65 millions. Pourtant, on ne peut s'empêcher de se demander s'il n'y a pas une sorte de souvenir sensoriel transmis par l'évolution qui prédispose les Mayas aux prophéties cataclysmiques, les rendant peut-être plus sensibles aux cycles de la Terre et du Soleil. Si le Big Bang continue de vibrer à travers tout l'univers 13 millions d'années après, comme l'ont démontré Penzias et Wilson, physiciens nobélisés des Laboratoires Bell, pourquoi l'impact de Chicxulub, deux cents fois plus récent, ne résonnerait-il pas encore localement ? Voilà qui expliquerait certainement l'obsession des Mayas pour le ciel.

Une nuit, après mon retour du Guatemala, une lumière s'allume – ou plutôt s'éteint : pour ce qui est de l'observation des étoiles, je ne suis pas très doué. Je suis là à prédire la fin du monde en me fondant sur l'étude des taches solaires, configurations planétaires et nuage d'énergie interstellaire, alors que je ne me rappelle même pas quand j'ai regardé un beau ciel étoilé pour la dernière fois. La plupart d'entre nous sont dans la même situation. Pour la première fois dans l'histoire de l'humanité, la population urbaine dépasse celle des campagnes. La pollution atmosphérique a voilé le firmament qui n'est plus composé que de quelques lumignons infiniment lointains. La civilisation est maintenant coupée de ses ciels nocturnes.

Il est temps de fuir les lumières de la ville.

Chaque mois de juillet et août, la Terre traverse la queue de la comète Swift-Tuttle, dont les particules de poussière frappent notre atmosphère à 200 000 kilomètres/heure, provoquant la pluie de météores des Perséides. Le point culminant étant généralement la nuit du 12 août, à minuit, je parcours les deux heures de route jusqu'à la base aérienne militaire d'Edwards, où la navette spatiale Discovery, une autre étoile filante dans son genre, a atterri la veille. Une fois garé sur un parking désert et sombre non loin des bâtiments, je descends de voiture et lève les yeux vers le splendide ciel nocturne. Les météores filent à chaque seconde, laissant des traînées scintillantes qui s'éteignent presque aussitôt. Mais que se passerait-il si l'une de ces traînées, au lieu de s'éteindre, grossissait de plus en plus, pour devenir une « étoile barbue », comme disait Edgar Cayce, rouge et brûlante, changeante et instable, et tourbillonnant comme un charbon ardent ?

C'est peut-être ce que les dinosaures virent il y a 65 millions d'années à l'approche de l'astéroïde meurtrier. Malgré leur minuscule cerveau, ils durent comprendre en le voyant, et en entendant ce grondement assourdissant, que la catastrophe était imminente. Leurs mers allaient se mettre à bouillir, leurs forêts à brûler, leurs montagnes à exploser, leurs terres être inondées et l'air se remplir d'une odeur pestilentielle. Devant l'apocalypse, les dinosaures commencèrent-ils à s'entretuer ? C'est sans nul doute ce que feraient les êtres humains en se disputant de dérisoires refuges.

De l'autre côté de ma voiture, à une dizaine de mètres, un gros lièvre fixe le ciel. Brusquement, il détale. Une fraction de seconde plus tard, un énorme faucon s'abat à l'endroit où se trouvait l'animal. L'oiseau a failli surprendre sa proie en pleine contemplation des étoiles.

En rentrant, j'allume le plafonnier pour consulter une carte routière. Ce geste me permet de voir de près, mais m'empêche de voir de loin. Le même avantage couplé à un inconvénient vaut logiquement pour la lumière de la révélation : elle éclaire de nouvelles choses, mais elle en fait disparaître d'autres jusque-là visibles. Qu'ai-je aperçu et qu'ai-je perdu de vue en tentant d'éclairer les ténèbres de 2012 ?

Science pour l'avenir

Dans *Shampoo*, un vieux film très amusant avec Warren Beatty et Julie Christie, une séquence avait soulevé un torrent d'indignation. Brusquement, le fils d'un des personnages trouvait la mort dans un accident de voiture. Tout le monde s'émouvait, puis reprenait le cours de son existence. Le fait que ce décès n'ait aucune influence sur l'évolution de l'intrigue suscita donc des reproches. Pauline Kael, critique cinéma du *New Yorker*, fut la seule à comprendre le message : les accidents, ça arrive. Des gens meurent. La vie continue.

Pour ma part, j'ai beaucoup apprécié cette séquence, car j'ai connu cela avec mon père, décédé dans un accident. J'aurais peut-être dû en être traumatisé, mais en toute franchise, je préfère que les tragédies surgissent sans crier gare, un peu comme les chutes de météorites. Ainsi, je n'ai pas à perdre un temps précieux à m'angoisser et à me préparer. Pour moi, c'est tout le paradoxe de mes recherches sur 2012. Si je n'avais pas d'enfants, je n'aurais jamais entrepris ce livre, en tout cas pas de cette manière. Quand on a des enfants, on se doit de penser à l'avenir, de faire le nécessaire pour qu'ils soient en sécurité. On n'a pas le choix. Le dicton « Après moi, le déluge ! » ne convient qu'à un célibataire sans rejetons.

James Lovelock, que j'admire beaucoup, a écrit dans *Science* un article dans lequel il appelait de ses vœux un livre – appelons-le *Science pour l'avenir* – compilant toutes nos connaissances scientifiques.

L'ouvrage serait imprimé sur un matériau imputrescible et serait largement distribué pour préserver notre civilisation d'un retour aux ténèbres médiévales en cas de catastrophe. De prime abord, la crainte que l'humanité perde son corpus de connaissances – médicales, scientifiques, technologiques –, si lentement accumulé, paraît infondée. Mais il suffit de réfléchir un instant pour se rendre compte qu'au cours de l'histoire les âges d'or ont été suivis d'époques sombres où tout savoir était perdu. Comparez simplement la Grèce antique, qui savait tant de choses, y compris que la Terre était ronde, et la majeure partie des quinze siècles qui ont suivi, où prévalut l'idée qu'elle était plate.

Rien ne nous aplatirait plus promptement qu'un autre impact de l'ampleur de celui qui anéantit les dinosaures il y a 65 millions d'années. Après un tel cataclysme, nous aurions bien besoin du *Science pour l'avenir* de Lovelock – et peut-être aussi de quelqu'un pour nous apprendre à lire.

« Mauvaise nouvelle : notre date de péremption est dépassée. »

C'est avec ce titre insolent que le *Guardian* nous a informés qu'à tout moment la plupart des êtres humains, animaux, plantes et microbes pouvaient être décimés. Le quotidien faisait référence à l'article « Cycles dans la diversité des fossiles », publié dans l'édition de *Nature* du 10 mars 2005 par le physicien de Berkeley Richard Muller et son assistant Robert Rohde. Preuves à l'appui, Muller et Rohde ont avancé l'hypothèse que les extinctions massives se produiraient régulièrement à peu près tous les 62 à 65 millions d'années. Le problème est que la dernière, celle qui a emporté les dinosaures, a eu lieu il y a 65 millions d'années. La date est donc désormais dépassée.

L'hypothèse des deux scientifiques se fonde sur trois années consacrées à analyser des archives de fossiles courant sur 542 millions d'années, compilées par feu Jack Sepkoski, paléontologue de l'université de Chicago, dont le *Traité sur les genres fossiles d'animaux marins* publié à titre posthume fait référence. Sepkoski a passé des décennies dans les bibliothèques à consulter les récits de découvertes de fossiles. Après quoi il les a classés par genre – ordre taxinomique au-dessus de l'espèce groupant des êtres si génétiquement proches qu'ils peuvent être croisés : par exemple, jaguars, panthères et léopards, ou crotales, mocassins à tête cuivrée et pythons.

Sepkoski découvrit que la période de 542 millions d'années couverte par ce corpus se divisait en strates d'environ trois millions d'années. Il identifia ensuite les couches les plus anciennes et les plus récentes dans lesquelles chaque genre apparaissait. Par exemple, jaguars et autres félins n'apparaissaient pas à l'époque de l'extinction des dinosaures, mais les serpents en étaient les prédateurs.

En synthétisant cette masse de données, Muller et Rohde ont eu la surprise de constater qu'avec une régularité d'horloge, entre 50 et 90 % des genres disparaissaient tous les 62 à 65 millions d'années, différentiel attribué à l'intervalle de trois millions que Sepkoski avait identifié entre chaque couche.

Dans son commentaire sur l'hypothèse de Muller et Rohde, James Kirchner, géologue planétaire, également de Berkeley, mais n'ayant pas participé à ces recherches, déclare dans *Nature* que « la conclusion saute aux yeux d'après les données ». Je suis le travail de Kirchner depuis dix-sept ans. C'est un sceptique qui dégonfle toutes les baudruches et passe son temps à démolir les hypothèses douteuses. Il n'en attribue pas moins au travail de Muller et Rohde un taux de fiabilité de 99 %, ce qui signifie que la prochaine extinction massive, d'une ampleur comparable à celle d'il y a 65 millions d'années, est pour bientôt.

À supposer que notre planète parvienne à maintenir son intégrité structurelle après la collision, l'impact d'une météorite, les séismes et éruptions qui s'ensuivraient, puis l'effondrement des infrastructures et de l'ordre social conduiraient inévitablement à la mort de milliards d'individus.

L'épitaphe de la civilisation sera écrite à Berkeley. Tout comme Rohde était le disciple de Muller, celui-ci avait été formé par Luis Alvarez et avait eu le privilège de voir de ses propres yeux comment le célèbre professeur développa la théorie de la collision expliquant la disparition des dinosaures. Pour Alvarez, la preuve numéro un était une substance appelée iridium, poussière de particules qui recouvre astéroïdes et comètes. L'iridium se trouve sur terre en quantités infimes, mais en abondance dans la couche de fossiles remontant à 65 millions d'années, la plus forte concentration se trouvant dans le cratère du Chicxulub au Yucatán. Ajoutez à cela que des milliers de roches du site ont été fracassées à la même époque que l'apparition de l'iridium et vous avez de quoi nourrir la théorie de la collision.

Lorsque Alvarez énonça cette théorie, en 1980, il soupçonnait que de telles extinctions survenaient à un rythme régulier, mais il en ignorait la fréquence. Aussi défia-t-il Muller d'expliquer quel genre de mécanisme pouvait anéantir régulièrement la vie sur Terre. Muller répondit avec sa célèbre hypothèse Némésis, selon laquelle le Soleil, comme la plupart des étoiles de son âge et de son type, possède un compagnon, probablement une étoile à peine visible comme une naine rouge ou brune, ou peut-être même un trou noir. Selon l'hypothèse de Muller, l'orbite de Némésis la ramènerait dans nos parages tous les *x* millions d'années, déstabilisant le Soleil et le système solaire.

Mais lorsque Muller et Rohde se plongèrent dans les archives des fossiles, ils découvrirent que les extinctions massives se produisaient tous les 65 millions d'années. Pourquoi une étoile mettrait-elle si longtemps pour faire le tour d'une autre ? Se voir tous les soixante-cinq millions d'années, c'est long pour une histoire d'amour, même interstellaire. Le Soleil et/ou Némésis pourraient-ils se trouver un amant ou une maîtresse plus proche ? Muller a renoncé depuis à sa théorie, mais elle continue d'attirer nombre de partisans, dont la plupart estiment que la période orbitale du compagnon du Soleil est beaucoup plus courte, de l'ordre de 26 000 ans, ce qui paraît plus plausible. Or c'est également la période nécessaire, depuis la Terre, pour que le ciel accomplisse une rotation complète, pour que l'étoile Polaire passe du pôle céleste à Véga et retourne au premier.

Les travaux menés à l'Institut de Recherche binaire de Newport, en Californie, confortent la nouvelle version de la théorie de Némésis, et suggèrent que les différentes oscillations de l'axe de la Terre et anomalies de l'orbite du Soleil ne peuvent être attribuées qu'à une influence gravitationnelle extérieure, c'est-à-dire à un compagnon binaire. Le concept est romantique, dans le genre yin et yang, positif et négatif, ténèbres et lumière, mais il n'est pas si saugrenu, étant donné que beaucoup d'autres étoiles ont apparemment des compagnons. Mais pour l'instant, aucune observation directe n'a permis de confirmer l'existence de Némésis.

Si ce n'est pas elle, qu'est-ce qui déstabilise constamment le système solaire ? La Planète X, cette dixième planète découverte en 2005 et officiellement baptisée 2003UB313, pourrait être le « facteur *x* ». Plus grosse d'environ 18 % que la plus petite de nos planètes, Pluton, la Planète X se situe actuellement trois fois plus loin qu'elle du Soleil. Cependant, elle suit une orbite étrange qui traverse le plan orbital des autres et la rend occasionnellement aussi proche du Soleil que d'autres planètes supérieures. Une telle orbite pourrait en théorie avoir des répercussions gravitationnelles et électromagnétiques inattendues.

Il y a 5 000 ans, les astronomes sumériens avaient peut-être déjà découvert l'existence de cette planète, qu'ils baptisèrent Niburu. La réapparition de Niburu durant la récente guerre d'Irak, où est située la plus grande partie de l'ancien territoire sumérien, a suscité quelques fiévreuses spéculations eschatologiques. Mais chez les scientifiques, la Planète X est plutôt considérée comme un nouveau rejeton dans la famille planétaire que comme une menace.

Muller estime actuellement que, tous les 62 à 65 millions d'années, l'orbite du système solaire traverse une région de la Voie lactée d'une densité gravitationnelle exceptionnellement élevée. La brusque secousse qui se produirait alors déclencherait des averses de comètes et/ou d'astéroïdes qui cribleraient le Soleil et toutes les planètes, la Terre y compris. Cette hypothèse s'accorde bien avec la théorie du nuage d'énergie interstellaire de Dmitriev qui, par définition, est plus dense du point de vue électromagnétique et gravitationnel que le vide dans lequel évolue habituellement le système solaire. Le scénario de Muller évoque aussi les prophéties mayas annonçant que, le 21 décembre 2012, le système solaire éclipsera le centre de gravité de la galaxie, un trou noir, le phénomène gravitationnel le plus dense de tout l'univers connu, provoquant une apocalypse.

Tête haute !

Pour vous représenter les périls de l'environnement interplanétaire de la Terre, imaginez un jongleur remontant la travée centrale d'une cathédrale durant la messe du dimanche, jonglant en même temps avec trois ensembles d'objets. Le premier est une série de volants de badminton remplis d'explosifs. La mauvaise nouvelle pour le jongleur – en l'occurrence, le Soleil –, c'est qu'il doit lancer chacune de ces petites bombes presque jusqu'à la voûte, mais la bonne, c'est qu'une fois qu'elles sont lancées il n'a plus à s'en soucier pendant un certain temps, puisqu'elles montent très haut. De temps en temps, l'un des volants heurte un lustre ou un pilier et explose, mais en général personne n'est blessé.

Cet ensemble de volants explosifs est analogue au nuage d'Oort, aux confins du système solaire. On estime que le nuage d'Oort, baptisé en 1950 du nom d'un astronome hollandais, Jan Hedrick Oort, et d'abord étudié par un astronome estonien, Ernst Opik, représente jusqu'à cent fois la masse de la Terre, répartie sur plusieurs millions de kilomètres. Selon les scientifiques, il contient des millions de noyaux de comètes, dont une fraction seulement chaque année parviennent à leur « taille adulte ». Les comètes qui proviennent du nuage d'Oort sont généralement cataloguées comme étant de « période longue », ce qui signifie qu'elles mettent plus de deux siècles à compléter leur orbite solaire. Ces comètes sont généralement plus difficiles à suivre que les comètes de période courte, et donc plus susceptibles de « surprendre » la Terre.

Le deuxième ensemble du jongleur est également composé de volants explosifs. À la différence des précédentes, cette autre série de petites bombes ne montent qu'à mi-hauteur ; elles nécessitent donc moins d'énergie pour être lancées, mais elles retombent également plus vite. Cet ensemble est l'équivalent de la ceinture de Kuiper, qui s'étend de Neptune jusqu'au-delà de Pluton et de la Planète X. Les comètes de la ceinture de Kuiper sont cataloguées en période courte, avec des orbites inférieures à deux siècles et donc plus faciles à suivre pour les astronomes. Bon nombre de ces comètes sont attirées et détruites par Jupiter, la plus grosse planète, dotée du champ gravitationnel le plus élevé. Un exemple en est l'énorme comète Shoemaker-Levy 9 qui, en juillet 1994, s'est écrasée sur Jupiter, provoquant des boules de feu plus grosses que la Terre. Si la comète avait heurté notre planète, toute vie y aurait été anéantie.

Les comètes sont associées aux catastrophes depuis l'aube de l'histoire humaine. Elles étaient ou sont encore considérées comme marquant l'avènement de nouvelles ères, annonciatrices de tragédies ou véhicules pour des êtres extraterrestres. Elles pourraient aussi être les spermatozoïdes du Tout-Puissant, ou quelque chose d'approchant, si les spéculations de la science contemporaine sont justes. Avec leurs grosses têtes blanches et leurs longues queues panachées, les comètes ont effectivement l'air de spermatozoïdes. Au cours des cinq derniers milliards d'années, elles ont ensemencé la Terre avec des éléments chimiques vitaux, dont certains minéraux, et auraient même pu nous fournir notre réserve d'eau, selon Louis Frank, physicien de l'université de l'Iowa. Selon lui, notre planète est saupoudrée quotidiennement par 25 000 à 30 000 petites comètes inertes – de grosses « boules de neige sale » de 20 à 40 tonnes, composées en grande partie de glace contenant diverses impuretés chimiques. Il a calculé qu'elles déposent à la surface de la Terre l'équivalent de 2,5 centimètres d'eau tous les 10 000 ans. Ce qui correspond à une couche de 12 000 mètres depuis la naissance de notre planète, plus qu'assez pour remplir nos océans et nos mers, même en comptant largement les quantités d'eau contenues dans les organismes ou dissociées par des processus chimiques comme la rouille ou la photosynthèse.

L'hypothèse de Frank nous forcerait à récrire une bonne partie de l'histoire de la Terre, par exemple en réévaluant à la hausse la période de sécheresse qu'elle a connue, et en comptabilisant au cours de son évolution les quantités croissantes d'eau. La NASA a soutenu cette théorie : « La NASA n'est pas encore certaine de connaître le nombre de ces comètes, leur poids ou la quantité d'eau qu'elles apportent sur la Terre. Mais il est évident que les points noirs visibles sur nos images satellites sont des objets porteurs d'eau », a déclaré sur CNN Steve Maran, son porte-parole.

Frank surestime peut-être la quantité d'eau apportée par les comètes, comme le suggère le très spectaculaire rendez-vous de la sonde spatiale de la NASA, Deep Impact, qui, le 4 juillet 2005, a éjecté l'une de ses minisondes sur la comète de Tempel 1. La rencontre s'est déroulée à la seconde près, selon les prévisions. Les données sont encore en traitement, mais les résultats préliminaires indiquent que la comète est constituée de moins d'eau et d'une plus grande quantité de poussière, fine comme du talc, que l'on ne pensait.

Avec l'image de milliers de minuscules comètes-spermatozoïdes essayant de pénétrer l'atmosphère, membrane d'une énorme Terre-ovule, Frank nous présente le système solaire comme une entité organique. Indépendamment de la réalité du scénario, cette métaphore nous permet de concevoir la vie sur notre planète comme la conséquence de processus très lointains. Et comme dans la sexualité humaine, de temps à autre, une comète-spermatozoïde exceptionnellement robuste parvient à forcer la membrane de la planète et à fusionner avec la Terre. Ce sont les comètes dont parlent les légendes et sur lesquelles sont fondées les prophéties apocalyptiques. Environ 750 comètes d'un calibre potentiellement cataclysmique ont été identifiées et suivies, et entre 20 et 30 sont ajoutées à la base de données chaque année.

Plus immédiatement, le jongleur doit surtout se soucier de son troisième ensemble d'objets, plus proches, qui ressemblent moins à des volants de badminton qu'à des morceaux de dynamite. Ils volent pratiquement au-dessus de sa tête et parfois, ils se brisent en morceaux et explosent par terre. Il s'agit de la ceinture d'astéroïdes située entre Mars et Jupiter. Les astéroïdes sont de vulgaires débris spatiaux, vestiges probables d'une planète qui n'a pas su maintenir sa cohésion, et dont la vengeance menace ses voisines. Les astéroïdes n'ont ni l'allure des comètes ni leur fertilité. En termes cosmiques, ils sont au bas de l'échelle.

Ne vous inquiétez pas. La poésie céleste, la sublime harmonie de l'infinie sagesse ne permettra pas que notre vivante Terre, l'endroit le plus merveilleux de l'univers, soit dévastée par des cochonneries venues de l'espace. C'est du moins ce que nous ne cessons de nous répéter à mesure que nous découvrons de plus en plus d'astéroïdes qui filent dans nos parages. Aucun de ces 200 « bolides » supposés croiser l'orbite terrestre ne devrait le faire dans les deux siècles à venir, mais nul ne peut rien affirmer des 1 800 autres bolides non identifiés dont on suppose l'existence. On estime que des objets d'un kilomètre de diamètre au moins frappent la Terre tous les 500 000 ans et sont susceptibles de causer une catastrophe planétaire, provoquant des millions sinon des milliards de morts.

En mars 1989, l'astéroïde 1989 FC, d'environ 500 mètres de diamètre, s'est approché de la Terre à une distance de 690 000 kilomètres, traversant notre orbite à un point où la planète était située six heures plus tôt. L'astéroïde 1989 FC était de quinze à vingt fois plus gros que le bolide qui s'écrasa en 1908 à Tunguska, en Sibérie, avec la puissance de mille bombes A du type d'Hiroshima. Par chance, peu de pertes humaines furent à déplorer. Si cet astéroïde avait frappé une région plus peuplée, ou s'il avait plongé dans l'océan, provoquant des vagues de l'ordre d'un tsunami, la catastrophe aurait certainement été de l'ordre des grandes guerres du siècle dernier.

Parapluie ?

On débat depuis un certain temps de la nécessité de développer et de déployer un système de défense contre les astéroïdes et les comètes. Les adversaires de ce projet avancent qu'en dehors de son coût, de l'ordre du trillion de dollars, un tel dispositif représenterait une menace plus grande pour la civilisation que les collisions qu'il serait censé empêcher. Que l'idée de déployer un système de défense exorbitant soit bonne ou mauvaise dépasse l'objet de cet ouvrage, puisqu'il est de toute façon impossible qu'il soit prêt pour 2012.

Quoi qu'il en soit, notre planète souffrirait probablement plus des conséquences d'une collision de comète ou d'astéroïde aujourd'hui que par le passé. L'un des effets du réchauffement planétaire a été la fonte des glaciers qui exerçaient une pression sur les plaques tectoniques. Les conséquences sismiques d'une collision majeure seraient donc nettement plus importantes qu'il y a un siècle, puisque les plaques ont une plus grande liberté de mouvement et s'entrechoqueraient plus violemment. Songez à la différence entre une pierre qui tombe sur un lac gelé très dur et une pierre qui heurte un lac dont le dégel a partiellement commencé. Même si la pierre rebondit et finit par fissurer la surface du premier, les éclaboussures seraient beaucoup plus importantes dans le second cas.

De la même manière, si le volcanisme est une réaction au réchauffement planétaire, il devrait donc y avoir un plus grand nombre de volcans en « phase de maturation » comme le Yellowstone et Long Valley mis en branle par une violente collision – tout comme une grosse tomate très mûre est plus rapide à se fendre et à répandre sa pulpe quand on la frappe avec un caillou que lorsque rien ne la touche. Tous ces facteurs, alliés à une densité de population sans précédent (presque 6,5 milliards d'individus), rendent probable une catastrophe à grande échelle comme la prédisent Muller et Rohde.

La plupart du temps, notre jongleur maîtrise la situation, mais, de temps en temps, il est bousculé et il lâche certains de ses volants explosifs sur l'assemblée des fidèles. C'est ce que décrit l'Hypothèse Shiva, avancée en 1996 par M. R. Tampinio et B. M. Haggerty. Baptisée du nom du dieu hindou de la destruction et de la reproduction, l'Hypothèse Shiva avance que le système solaire oscille à mesure qu'il orbite dans la galaxie, rencontrant périodiquement des anomalies énergétiques et gravitationnelles, par exemple le nuage d'énergie interstellaire de Dmitriev. Shiva s'accorde bien avec l'hypothèse de l'extinction massive de Muller et Rohde, puisqu'elle avance que les cahots dans le déplacement du système solaire déstabilisent le nuage d'Oort, libérant des pluies de comètes.

Selon l'Hypothèse Shiva, au cours des 540 derniers millions d'années, des comètes issues du nuage d'Oort ont été responsables d'au moins cinq extinctions massives sur la Terre. Selon les prophéties de la mère Shipton (1488-1561), restée dans les mémoires pour avoir prédit, presque un siècle en avance, le règne meurtrier d'Henri VIII ainsi que le grand incendie de Londres, nous en attendons une sixième. La dernière vision de la mère Shipton dépeint l'humanité sombrant dans les guerres et le chaos suicidaire à la suite de la sixième visite du « dragon céleste » sur la Terre :

Un dragon de feu les cieux traversera
Par six fois avant que meure la Terre.
L'homme tremblera et terrifié sera
Car la sixième en cette prophétie s'avère.

Sept jours et sept nuits durant
L'homme la terreur contemplera.

Les marées plus haut encore montant
Dévoreront terres et rivages
Les montagnes rugiront de rage
Et la plaine de part en part se fendra.

Et des flots d'eaux grondants
Iront la terre inondant
Et l'homme apeuré sous le sable
Maudira ses semblables.

ARMAGEDDON

J'étais à l'université à l'époque du Watergate, et la plupart des professeurs et étudiants en sciences politiques de Brown arboraient une attitude supérieure, disant que contrairement à ce que racontait une presse hystérique, les présidents ne peuvent être contraints à la démission. Du moins pas pour des crimes de l'ordre de celui dont on soupçonnait Richard Nixon. Ceux qui avaient fait profession d'étudier l'histoire politique américaine, qui avaient l'expérience, la sagesse et la maturité pour voir la situation d'assez haut disaient que Nixon n'allait pas tomber. Mais même si, moi, pauvre étudiant en lettres, je sortais toujours perdant de ces débats, je savais que j'avais raison. Je détestais Nixon, en libéral bon teint, mais je me sentais aussi proche de lui – en fait, je m'étais porté volontaire au siège new-yorkais du Parti républicain pour la campagne présidentielle de 1968. La plupart du temps, je faisais le grouillot, mais un jour on me confia une tâche importante. Apparemment, notre candidat avait pour passion de collectionner les objets anti-Nixon. Aussi, durant toute la journée, je fus chargé d'arpenter la ville pour trouver une pièce rare. Je décrochai le gros lot en rapportant à Ron Ziegler, qui allait devenir le porte-parole de Nixon, une affiche représentant une jolie femme noire, visiblement enceinte, portant le badge de la campagne : « Votez Nixon ! »

Le soir où Nixon annonça sa démission, j'étais au Lincoln Center de New York. Ma mère m'avait emmené voir Rudolf Noureïev dans l'une de ses dernières représentations – Giselle, *si je me souviens bien. Le spectacle fut interrompu, on apporta une télévision sur la scène et la salle put voir le président prendre congé. Beaucoup de gens poussèrent des vivats. Ma mère ne supportait pas Nixon, mais elle trouva que c'était mal venu de montrer sa joie alors que le pays traversait une telle crise. Je me joignis tout de même au chœur. Cela faisait du bien d'avoir raison.*

2012 est une répétition du Watergate pour moi. Les gens équilibrés et rationnels se gaussent de ce qu'ils considèrent comme un résidu de peur millénariste. S'il s'agit simplement de calmer les esprits et d'éviter une panique généralisée, très bien. Mais je crains d'avoir encore raison cette fois-ci.

– 11 –

EN ROUTE POUR LA FIN

J'ai toujours voulu écrire une autobiographie dans laquelle je serais un personnage secondaire, de façon à montrer que nous sommes tous des acteurs dans la grande saga de l'Histoire et que nous trouvons le bonheur en jouant notre rôle. Ou peut-être, montrer que nous sommes tous des organismes dans le grand écosystème de la Vie et que le bonheur consiste à savoir quand coopérer et quand rivaliser. Cela aurait été un gros bouquin compliqué dans lequel les fils de mon existence et ceux de l'Histoire auraient été entrelacés.

Le récit était censé commencer par un énorme rocher noir en feu s'écrasant dans une dune d'Arabie et vitrifiant le sable autour de lui. Selon le narrateur, l'énorme roc noir aurait été une météorite provenant de la ceinture d'astéroïdes. Il y a trois ou quatre mille ans, personne n'est sûr de la date, des Bédouins tombèrent sur ce rocher qui avait entre-temps été abrité dans un petit reliquaire délabré. Selon les hadith, recueil de sagesse et de traditions populaires de l'islam et équivalent du Talmud juif, les Bédouins en question étaient Abraham et son fils Ismaël, et le reliquaire qu'ils venaient de découvrir avait été construit par Adam, dans un lieu désormais connu sous le nom de La Mecque.

Afin d'abriter la pierre sacrée, Abraham et son fils érigèrent un nouveau reliquaire plus solide qu'ils appelèrent Kaaba. Quand ils eurent terminé, Abraham monta au sommet d'une crête dominant La Mecque. À quatre reprises, il imita le cri d'un oiseau et, par quatre fois, un oiseau vint se percher sur son épaule. Sur l'ordre de Dieu, Abraham le coupa en morceaux qu'il jeta dans le vide. Chaque fois, les morceaux se réunirent et l'oiseau revint se percher sur son épaule. Abraham redescendit vers la Kaaba, où il retrouva Gabriel, qui leur enseigna, à lui et son fils Ismaël, comment il convenait d'adorer son présent et de glorifier le Dieu tout-puissant. Il leur montra comment jeter des pierres selon les quatre points cardinaux, procéder aux ablutions rituelles, porter de simples tuniques blanches et tourner sept fois autour de la Kaaba – ces mêmes gestes sacrés qu'accomplissent aujourd'hui les millions de fidèles faisant le pèlerinage de La Mecque.

Ismaël et sa mère Hagar furent ensevelis à La Mecque et leurs descendants s'occupèrent de la Kaaba. Mais au cours des siècles, la fonction originelle du reliquaire destiné à glorifier Dieu fut oubliée. Une tribu appelée Quraysh s'empara de La Mecque, et, la nuit suivant la bataille, les Quraysh fêtèrent leur prise, caressant le rocher noir et « l'embrassant partout où il était possible ». Le bruit courut bientôt que La Mecque était un endroit parfait pour s'amuser, et les caravanes qui transportaient l'encens à Damas, depuis l'endroit désormais appelé Salalah, dans le sud d'Oman, prirent l'habitude de s'y arrêter pour se divertir.

Les Quraysh commencèrent à placer leurs idoles dans la Kaaba, puis quelqu'un eut la brillante idée de louer l'espace restant afin que les pèlerins puissent eux aussi y placer les leurs. C'est ainsi qu'un millénaire avant l'islam et quatre siècles avant le christianisme, La Mecque devint un centre de pèlerinage et de négoce. Il finit par y avoir 360 idoles dans la Kaaba, une pour chaque jour de l'année lunaire. Elles allaient d'Allah le Magnifique à Hubal le dieu de la Guerre, en passant par Jésus et Marie, al-Lat, al-Uzza et Manat, les « trois filles de la Lune ». Cupides, les Quraysh allèrent jusqu'à briser des morceaux de la pierre sacrée et à les vendre aux pèlerins. Un culte d'adorateurs des pierres vit le jour.

Les Quraysh se divisèrent progressivement entre clans nantis et clans moins fortunés, selon qu'ils possédaient des parts de la Kaaba ou non. Au sein des Hashim, l'un des clans les plus humbles, naquit un jeune sage respecté, nommé Mohammed – la paix soit avec lui. Mohammed critiquait violemment les excès des païens et ceux qui profanaient la Kaaba. Ses prophéties d'apocalypse furent accomplies lorsque La Mecque, environnée de montagnes, fut inondée et la Kaaba détruite.

Tous les clans Quraysh s'allièrent pour reconstruire la Kaaba, mais, quand les travaux furent achevés, les chefs de clans se disputèrent pour savoir qui aurait l'honneur de replacer la pierre sacrée dans son logement ménagé dans la paroi. À contrecœur, ils décidèrent de suivre l'avis du premier qui passerait. Ce fut Mohammed, qui résolut le problème en ôtant son manteau et en y déposant la pierre noire. Après quoi, il donna instruction à trois des chefs de clans de prendre un coin du manteau. Lui-même saisit le quatrième et, ensemble, ils soulevèrent la pierre et la logèrent dans le mur.

Peu après avoir résolu cette dispute, Mohammed méditait dans une grotte lorsque Gabriel lui apparut et lui révéla le premier verset du Coran. L'essence du message était qu'il n'existe qu'un seul Dieu, Allah, et qu'Il est miséricordieux et tout-puissant. Gabriel révéla le reste du Coran au prophète Mohammed, dont la récitation exemplaire, d'une éloquence jamais entendue à La Mecque, lui valut rapidement de nombreux fidèles.

Je suis originaire du Moyen-Orient, chrétien libanais avec des ancêtres païens et musulmans, et de fortes affinités juives. Ma généalogie remonte sur 6 600 ans dans la péninsule Arabique, jusqu'à la tribu Quraysh, mais hélas pas au clan Hashim dont est issu le prophète Mohammed. Ma famille descend des Makhzoum, menés par Abou Jahal, le plus grand bandit de l'histoire de l'islam. Par trois fois, mon ancêtre tenta de tuer le Prophète, la paix soit avec lui.

Abou Jahal était à tous égards un homme irascible. Tout chez Mohammed l'irritait, et particulièrement l'enseignement du Prophète selon lequel « Il n'est d'autre dieu que Dieu » et que son nom est « Allah ». L'exigence du prophète que la Kaaba soit vidée de toutes les idoles à l'exception d'Allah était une menace directe pour les intérêts commerciaux d'Abou Jahal : son clan percevait des loyers de la Kaaba et vendait des chameaux aux pèlerins. Abou Jahal entra dans une rage folle lorsque Mohammed affirma que ceux qui n'acceptaient pas Allah comme le seul dieu véritable iraient en enfer.

« Et tous les ancêtres qui sont morts avant d'avoir entendu parler d'Allah ? demanda Abou Jahal.

– Hélas, ils sont tous en enfer », répondit Mohammed.

Un tel raisonnement est commun dans toutes les religions organisées. Dante, catholique romain, croyait que même les plus grandes lumières de l'Antiquité, y compris Virgile qui le guida dans l'Inferno, étaient condamnées pour ne pas avoir reconnu le Christ avant de mourir. Peu importait que ces génies fussent morts avant la naissance du Christ et n'aient jamais eu la possibilité d'embrasser Sa foi. Aujourd'hui, les Mormons ont élaboré la base de données généalogiques la plus impressionnante au monde, dans l'unique but de remonter le temps pour sauver des âmes qui, sans cela, seraient vouées à la perdition.

La nuit suivant leur dispute sur l'enfer, Abou Jahal, armé d'une pierre, se faufila sous la tente où dormait Mohammed, la brandit au-dessus de sa victime et s'enfuit, terrifié. Un chameau ailé et furieux envoyé par l'archange Gabriel, ou par la conscience d'Abou Jahal, selon les versions, était venu pour le chasser.

La puissance et la grâce de la foi de Mohammed dépassaient tout ce que les habitants de La Mecque avaient connu. Même Abou Jahal avait dû percevoir que tenter de résister à l'essor de l'islam était vain. Le Coran, tel qu'il avait été révélé par Dieu à Mohammed au travers de l'archange Gabriel, était une sublime symphonie alors que les répliques bégayantes d'Abou Jahal n'étaient que le gazouillis confus d'un oiseau. Sauf pour les Versets Sataniques, qui célébraient al-Lat, al-Uzza et Manat, les trois déesses de la Lune.

Les peuples du désert, comme l'étaient et le sont encore les habitants de La Mecque, adorent la Lune. L'astre sort la nuit, et la nuit est fraîche et apaisante. Contrairement au Soleil, qui punit ceux qui le fixent, la Lune repose les yeux et les trompe en changeant de forme chaque nuit. Le culte de la Lune n'implique pas toujours une rectitude morale, et au cours des siècles ses adorateurs de La Mecque se livrèrent à bien des débauches en hommage aux trois déesses aux yeux noirs. Mohammed était bien décidé à mettre un terme aux orgies. Abou Jahal n'avait pas envie que les fêtes s'arrêtent et que ses revenus se tarissent. Pas plus qu'il ne voulait cesser d'adorer la Lune, qu'il pouvait contempler.

Selon une vieille et sulfureuse légende, à laquelle Salman Rushdie a donné comme chacun sait un nouveau souffle, Satan chuchota à l'oreille du Prophète des versets célébrant les déesses de la Lune afin qu'il les ajoute au Coran. Mohammed refusa. Abou Jahal était si irrité que l'on écartât ce qui allait être plus tard connu comme les Versets Sataniques, qu'il rassembla une bande composée d'un homme de chaque clan de la tribu afin qu'aucun clan ne puisse être la cible d'une vengeance. Bien entendu, Mohammed eut vent à temps de ce complot et s'enfuit à Médine avec ses partisans.

Il revint plus tard avec des renforts et défit les troupes plus importantes de La Mecque lors de la bataille de Bedr. Une fois de plus, il fut aidé par l'archange Gabriel, qui aveugla l'ennemi avec une tempête de sable. À la fin de la bataille, Mohammed brandit la tête d'Abou Jahal et déclara : « Contemplez l'ennemi de Dieu ! » Un destin que son descendant, votre serviteur, aimerait éviter.

Je ne peux cependant pas nier une affinité avec mon ancêtre païen. Son culte des trois déesses de la Lune trouve un écho dans mon intérêt pour l'Hypothèse Gaia. Gaia implique le respect du monde naturel, tel qu'il est symboliquement incarné par la Terre-Mère. Quant à la Lune, qui captivait tant mon ancêtre, j'ai fait campagne dans la presse et auprès de l'industrie pour sa colonisation, convaincu que la Lune sera, à l'instar actuellement du Moyen-Orient, le grand réservoir d'énergie du XXIe siècle. Contrairement à la Terre, la Lune contient d'énormes réserves d'hélium 3, le carburant idéal à utiliser dans la fusion nucléaire contrôlée, qui est peut-être la plus puissante source d'énergie de l'univers.

Cela étant dit, je suis monothéiste, baptisé et marié catholique romain, confirmé et à l'aise d'être épiscopalien. Les très nombreux bonheurs que j'ai connus dans ma vie, en particulier mes deux enfants, méritent que je remercie le Tout-Puissant, qui n'aurait pas été aussi bon pour moi s'Il me tenait rancune après seize siècles pour la conduite de mon ancêtre. Je compte d'ailleurs sur Sa bienveillance car, en ce qui concerne ce livre, et particulièrement ce chapitre, je m'aperçois que je trouve à redire au personnage littéraire connu sous le nom de « Dieu », tel qu'il est représenté dans certains chapitres de la Bible et du Coran qui parlent de la Fin des Temps.

Il fallait bien que quelqu'un s'en charge.

Le code de la Bible

La Bible nous raconte que Dieu anéantira la Terre en 2012. Telle est la conclusion à laquelle parvient Michael Drosnin dans *Le Code secret de la Bible*, un best-seller mondial dont l'auteur a la prétention d'avoir déchiffré un code divin dissimulé dans le texte de l'Ancien Testament. Cette hypothèse repose sur un article universitaire intitulé « Séquences de lettres équidistantes dans le livre de la Genèse », rédigé par trois mathématiciens israéliens, Doron Witztum, Yoav Rosenberg et... Élie, en la personne d'Eliyahu Rips (« Eliyahu » étant la translittération de l'orthographe hébraïque du nom du prophète). Publiée dans la *Statistical Review* en 1994, cette remarquable analyse statistique vérifie une observation faite originellement par un rabbin praguois, H. M. D. Weissmandel : « En sautant toutes les cinquante lettres, on découvre le mot *Torah* dans le début du livre de la Genèse. » Ce même système donne de nouveau le mot « Torah » dans l'Exode, les Nombres et le Deutéronome, deuxième, quatrième et cinquième Livres de Moïse. (Pour une raison inconnue, cette procédure ne fonctionne pas pour le Lévitique, troisième livre de Moïse, qui énonce les règles afférant au comportement des prêtres.)

Cette découverte piqua la curiosité des chercheurs, qui se demandèrent si quelque autre mot aurait pu être encodé. La tâche était titanesque : l'un de nos plus grands savants, Isaac Newton, a appris tout seul l'hébreu et passé des dizaines d'années à chercher le code de la Bible, sans rien trouver. C'est parce qu'il n'avait pas d'ordinateur. Les trois mathématiciens israéliens saisirent sur un ordinateur le livre de la Genèse, dans ses caractères hébraïques, sans espace ni ponctuation, tels qu'étaient écrits les textes bibliques originaux. Cela revint à étudier la Genèse comme un gigantesque acrostiche dans lequel ils cherchèrent horizontalement, verticalement et diagonalement des mots non seulement composés de lettres adjacentes, mais également de lettres séparées par des intervalles donnés, tout comme l'avait fait le rabbin Weissmandel pour découvrir le mot « Torah ». En utilisant le même intervalle, l'analyse par ordinateur donna les noms, dates de naissance et de décès et villes de résidence de soixante-six rabbins légendaires, qui avaient pratiquement tous vécu des siècles ou des millénaires après la rédaction de la Genèse. Dans chaque cas, les noms des rabbins étaient voisins ou coupés par les dates et les noms de villes.

Comme il est évident qu'aucun mortel ne pouvait connaître les noms de ces saints hommes qui devaient naître et mourir des siècles plus tard, leur présence dans les Écritures ne pouvait être que d'origine divine. Eliyahu Rips, principal collaborateur de Drosnin, expliqua ce fait surprenant en citant l'un des rabbins dont le nom avait été découvert dans la Bible, le célèbre Rabbi Eliyahu de Vilna, qui écrivait au XVIIIe siècle : « La règle est que tout ce qui a été, est et sera jusqu'à la fin des temps se trouve dans la Torah, du premier au dernier mot. Et pas simplement dans un sens général, mais jusque dans le détail de chaque espèce et de chaque individu, jusqu'au plus infime détail, tout ce qui lui est arrivé du jour de sa naissance à celui de sa mort. »

C'est comme si l'on découvrait que la Constitution des États-Unis contenait les noms de tous les présidents à venir, avec leur date d'élection. Ou comme si l'édition de 1965 de *Sports Almanac* contenait ceux des soixante-six prochains vainqueurs du Super Bowl, avec les scores de leurs matchs.

L'analyse statistique des mathématiciens israéliens concluait à une probabilité proche de zéro – une chance sur cinquante mille – que tout cela soit dû au hasard. Rien d'étonnant à ce que cette assertion ait subi un déluge d'attaques. Au cours des dix ans suivant la publication de l'article, nombre de statisticiens et mathématiciens, dont des experts de la NSA américaine, ont contesté leurs découvertes en remettant en question la méthodologie, en procédant à des tests équivalents sur deux autres textes hébraïques originaux, ainsi que sur la traduction en hébreu de *Guerre et Paix*. Pour autant que je sache, aucun test n'a été effectué sur le Coran. Mais personne, pour l'instant, n'a relevé le défi des mathématiciens israéliens. D'ailleurs, certains de ceux qui avaient entrepris de réfuter la thèse du « code de la Bible » en sont maintenant les partisans les plus convaincus.

Drosnin, journaliste de son état, commença à chercher dans les codes de la Bible des indices concernant l'avenir. Sa plus célèbre découverte fut que le nom « Yitzhak Rabin » était coupé par la phrase « assassin qui assassinera ». Un déchiffrement plus poussé indiqua un lieu, Tel-Aviv, et une date, 1995, qui à l'époque était encore située dans l'avenir. Drosnin tenta l'impossible pour prévenir Rabin, en vain. Après le meurtre de Rabin, « Amir », le nom de l'assassin, fut découvert encodé non loin.

Que pouvait-on trouver d'autre ? s'interrogea logiquement Drosnin. Il tira de ses données un certain nombre de prédictions concernant principalement le Moyen-Orient. Drosnin a tendance, comme tous ceux d'entre nous qui sont d'ascendance sémite, à faire concorder l'issue de l'interminable tragédie qui agite cette région avec le destin du monde. Je n'ai jamais entendu personne dans l'hémisphère sud suspendre avec autant d'insistance notre destin collectif au dénouement d'un conflit régional. Bien que Drosnin ait été dûment critiqué pour sa surinterprétation du code de la Bible, une part non négligeable de ses prédictions se sont réalisées, notamment celle affirmant qu'un juge de la Cour suprême américaine se prononcerait contre Al Gore en faveur de George W. Bush lors de l'élection présidentielle de 2000.

Prions pour qu'il ne s'agisse que de coïncidences. Car selon *Le Code de la Bible,* des comètes devraient cribler la Terre en 2010 et 2012 (5772 selon le calendrier hébraïque), date de l'« anéantissement de la Terre ». En effet, son analyse a également fait apparaître la phrase : « Elle sera broyée, bouleversée, je la réduirai en pièces », non loin de la mention de la comète de 2012.

Les tenants de l'Armageddon

« Alors, de la bouche du dragon, de la bouche de la bête et de la bouche du faux prophète, je vis sortir trois esprits impurs, telles des grenouilles. Ce sont, en effet, des esprits de démons. Ils accomplissent des prodiges et s'en vont trouver les rois du monde entier, afin de les rassembler pour le combat du grand jour du Dieu Tout-Puissant. Voici, je viens comme un voleur. Heureux celui qui veille et garde ses vêtements, pour ne pas aller nu et laisser voir sa honte. Ils les rassemblèrent au lieu qu'on appelle en hébreu Armaggedon. » (Apocalypse de Jean, 16, 13-16.)

Selon la tradition, depuis Armaggedon, la légendaire colline qui domine la plaine de Megiddo en Israël, on peut contempler la fin des Temps, car c'est là qu'aura lieu la bataille de toutes les batailles (en hébreu, *har* signifie « colline » et Meggido devient « maggedon »). Prophétisée dans l'Apocalypse comme le lieu de la lutte finale entre le Bien et le Mal, c'est-à-dire entre ceux qui acceptent Jésus-Christ et les autres, Armaggedon domine une vallée de 300 kilomètres de long qui sera un jour remplie de cadavres, deux à trois milliards selon les extrapolations – un panorama splendide, donc.

Armageddon évoque l'immense guerre meurtrière que se livreront les peuples de la Terre. L'apocalypse est le cataclysme naturel ou surnaturel qui devrait survenir ensuite. Même si ce qui suivra est censé être une époque d'illumination, je préférerais que cette prophétie ne soit qu'une élucubration. (S'il s'avère que cela vaut la peine, je sortirai de mon bunker souterrain et je ferai amende honorable.) Tenter de s'opposer à des catastrophes comme l'éruption d'un supervolcan ou la collision d'une comète est à peu près aussi vain que de vouloir défier la loi de la gravité. Mais Armaggedon, c'est autre chose. De tous les cataclysmes potentiels, c'est le seul que bon nombre de musulmans, chrétiens et juifs appellent de leurs vœux. Et c'est l'unique prophétie eschatologique que nous sommes en mesure d'empêcher ou de provoquer.

Karl Marx a observé que lorsqu'une théorie s'empare des masses, elle devient une force matérielle. Hélas, c'est exactement ce qu'il est advenu des théories de Marx pendant plus d'un siècle. La doctrine d'Armageddon s'est emparée à son tour de plusieurs groupes, petits mais extrêmement motivés et influents aux États-Unis, en Israël et dans le monde musulman, et elle est en train de s'imposer dans la politique mondiale.

« Alors que la plupart d'entre nous, juifs, chrétiens ou musulmans, abhorrons le fondamentalisme, la majorité que nous formons ne fait pas l'Histoire... Ce sont quelques fanatiques, dont nous nous moquons un jour pour les craindre le lendemain, qui sont le moteur de l'histoire. Une minorité de déments animés d'une seule idée peut s'emparer d'un lieu sacré et en faire une sacrée boucherie », écrit Jeff Wells, blogueur sur le webzine *Rigorous Intuition.*

Bien plus troublant que son emprise sur quelques zélotes est l'empire qu'exerce Armageddon sur toutes les cultures. *Feu la Planète Terre*, d'Hal Lindsey, qui prédisait que la grande bataille d'Armageddon aurait lieu aux environs de 1988, a été l'essai le plus vendu dans les années 1970. Des voyagistes locaux ont vu leurs volumes d'affaires quadrupler grâce aux chrétiens passionnés venus du monde entier visiter la région. D'ailleurs, le ministère israélien du Tourisme a récemment indiqué que sur les deux millions de visiteurs que compte annuellement le pays, plus de la moitié sont chrétiens, dont une moitié d'évangélistes.

Les chrétiens évangélistes sont le groupe le plus désireux de précipiter Armageddon. Ils attendent impatiemment le « Ravissement », moment d'exaltation où, juste avant la Bataille, les véritables fidèles seront littéralement soulevés dans les airs pour rejoindre Dieu dans les cieux. Nul doute que ce sera un grand moment. Confortablement à l'abri au paradis, ils auront la possibilité de contempler la bataille entre les deux parties en présence : 1) les chrétiens qui, en raison de leur foi imparfaite ou d'une prédisposition particulière à la guerre, n'ont pas connu le Ravissement ; 2) les troupes de l'Antéchrist, un faux messie charismatique, dont les partisans sont notamment humanistes laïcs, païens, hindous, bouddhistes, musulmans, juifs et chrétiens insuffisamment engagés. Selon la théologie évangéliste, une grande proportion des juifs devraient se convertir à la foi chrétienne et combattre au côté des justes durant cette bataille. Ceux qui refuseront la volonté de Jésus, ainsi que tous ses adversaires, exploseront.

Plus il y a de visiteurs à Meggido, plus cette colline devient mystique et plus grandit la probabilité que quelque incident, spontané ou orchestré, déclenche un conflit. Des vagues successives de pèlerins vont bientôt assiéger le nouveau parc de loisirs chrétien en cours de construction, sur une bande de 50 hectares en bordure du lac de Tibériade, où l'on raconte que Jésus a marché sur les eaux. Ce projet de 50 millions de dollars est un partenariat entre le gouvernement israélien et les groupes évangélistes américains. Selon un porte-parole de la National Association of Evangelicals, dont le dirigeant, le révérend Ted

Haggard, est le fer de lance, le Galilee World Heritage Park devrait ouvrir entre la fin 2011 et le début 2012.

Tout se passe conformément aux desseins des Armageddonistes. Ce que l'on pense être la plus ancienne église chrétienne du monde a été accidentellement mise au jour à Meggido à la fin de l'année 2005 par Ramil Razilo, un prisonnier musulman purgeant une peine de deux ans pour infractions au code de la route. Razilo faisait partie d'un groupe de détenus construisant un nouveau bâtiment destiné à emprisonner des Palestiniens. L'église d'Armageddon, comme elle a été baptisée, remonte au IIIe ou IVe siècle, époque où les cérémonies chrétiennes étaient encore secrètes. Au milieu de la mosaïque de huit mètres de côté qui recouvre le sol se trouve un cercle contenant deux poissons. Le poisson est un ancien symbole chrétien : les lettres du mot prononcé *ichtys*, « poisson » en grec, forment l'acrostiche « *Iesus Christus Theos 'Yios Soter* » – Jésus-Christ Fils de Dieu Sauveur. Les premiers chrétiens se saluaient en faisant le signe du poisson, qui faisait également référence à saint Pierre, le pêcheur, qui devait devenir un « pêcheur d'hommes » : Pierre, le surnom donné à Simon par Jésus par analogie avec la pierre sur laquelle s'édifierait son église.

Bien qu'il n'y ait aucune prédiction biblique spécifique, cette découverte est déjà annoncée comme un autre signe que la Fin est proche. La restauration de l'église d'Armageddon de Megiddo est prévue pour 2010-2012.

Châtiment divin

Il y a des années, un ami et moi avions tenté d'être embauchés à l'émission « Saturday Night Live » comme auteurs. L'un des sketches que nous avions proposés montrait Yasser Arafat et Ariel Sharon dans un duo à la *Tea for Two* en ballerines, avec des mitraillettes au lieu de cannes. Raté.

Vingt ans plus tard, je ne fus guère ému par la mort d'Arafat, un terroriste qui croyait défendre les intérêts vitaux de son peuple. Mais à ma grande surprise, l'attaque cérébrale qui terrassa Sharon peu de temps après me fit un effet inattendu. J'avais toujours méprisé Sharon pour son invasion barbare du Liban en 1982, trahissant le Premier ministre Menahem Begin si effrontément que Begin, dont l'épouse était décédée à peu près à la même époque, sombra dans une dépression dont il ne ressortit jamais. Certes, Sharon, comme Begin, finit par mettre de l'eau dans son vin et entama un processus de paix qui comprenait le retrait des Israéliens de la bande de Gaza. Cela lui valut le respect, mais non l'affection, de l'opinion publique.

Bien sûr, on peut déplorer que, profitant de l'hospitalisation de Sharon, les faucons d'Israël s'efforcent de replonger la région dans le chaos. Mais il n'y avait pas que cela. Le télévangéliste Pat Robertson prétendait que l'hémorragie cérébrale de Sharon était un châtiment divin, en réaction contre l'abandon d'une partie de la « Terre sainte » ou un avertissement pour empêcher la seconde étape bien plus controversée du plan de Sharon, le retrait de la Cisjordanie : « Il était en train de diviser la terre de Dieu », déclara Robertson dans son émission télévisée, The 700 Club, avant d'ajouter : « Honte à tout Premier ministre israélien qui suit une stratégie similaire pour apaiser l'Union européenne, les Nations unies ou les États-Unis d'Amérique. Dieu a dit : " Cette terre est mienne et vous avez intérêt à ne pas y toucher. " »

Robertson se fit taper sur les doigts et fut même exclu, du moins officiellement, du partenariat conclu pour le développement du parc de loisirs de Galilée. Mais le télévangéliste ne faisait en réalité que dire tout haut ce que bien d'autres fanatiques de la Bible pensent tout bas : que Sharon avait trahi le projet Armageddon et en avait payé le prix.

Satan est puissant et il est vert

Tim LaHaye est un prêcheur évangéliste dont *Left Behind* (« Abandonnés »), la série de thrillers moralisateurs et apocalyptiques, qui diabolise les Nations unies, s'est vendue à plus de 600 millions d'exemplaires. Nicole Carpathia, ancienne secrétaire générale des Nations unies, est la méchante de cette série B. LaHaye a puisé dans l'immense réservoir des craintes des fidèles chrétiens, qui redoutent que les Nations unies soient une entreprise des mécréants pour conquérir le monde.

Malgré tous les conflits religieux du Moyen-Orient, Armageddon n'est pas une bataille entre chrétiens, musulmans et juifs, mais plutôt entre les croyants et les autres, quel que soit le messie qu'ils se sont choisi. LaHaye, qui occupe son temps libre à guider des groupes à Armageddon, peut apparaître comme un semeur de discorde, mais il a en réalité contribué à unifier le mouvement armageddoniste en identifiant un ennemi commun – tantôt appelé Nouvel Ordre mondial, mouvement du Gouvernement mondial, ou simplement le communisme/socialisme revenu sous de nouveaux oripeaux verts et païens – que, une fois unis, musulmans, chrétiens et juifs pourront combattre.

Le personnage de Carpathia s'inspire de Maurice Strong, le richissime industriel canadien, magnat de l'industrie minière et écologiste. Strong, l'une des cibles préférées des publications armageddonistes comme *Endtime*, a bien le profil New Age de l'Antéchrist. Socialiste autoproclamé, il côtoie les dirigeants du monde entier et est un habitué de groupes comme Bilderberg, dont le siège se trouve à Leiden, aux Pays-Bas. Fondée en 1954, l'organisation compte parmi ses membres Bill Clinton, Belinda Gates, Henry Kissinger, Tony Blair et quantités d'autres individus bien trop puissants pour que leurs noms soient connus du commun des mortels. Argument supplémentaire qui alimente les soupçons de la droite sur Strong : sa femme, Henne, dirige un centre artistique bouddhiste dans leur vaste ranch du Colorado.

Strong est considéré comme le maître d'œuvre du protocole de Kyoto, qui propose de réduire d'ici à 2012 la quantité d'oxyde de carbone dans l'atmosphère à un niveau inférieur de 5,2 % à celui de 1990. Kyoto a été la conclusion d'un processus commencé en 1972 avec la conférence des Nations unies sur l'Environnement. Cette conférence, tenue à Stockholm, a le mérite d'avoir introduit l'écologie dans le débat public à un échelon international, avec quantités d'initiatives « vertes » comme un moratoire de dix ans sur la chasse à la baleine. Elle a été suivie vingt ans plus tard par la conférence des Nations unies sur l'Environnement et le Développement, le « Sommet de la Terre » à Rio de Janeiro, auquel ont assisté plus de cent chefs d'État, et dont le thème était la sauvegarde de la forêt pluviale et d'autres régions écologiquement menacées.

Strong, qui a quitté l'école à l'âge de quatorze ans, était secrétaire général des deux manifestations. C'est un ardent partisan d'un gouvernement mondial. Mais aux yeux des armageddonistes, ce qui le met à part d'individus de la même espèce, comme l'ancien secrétaire général des Nations unies, Kofi Annan, dont il était un proche conseiller, de Ted Turner et d'Al Gore (deux de ses amis), c'est qu'il a méthodiquement consacré la plus grande partie de sa carrière à créer et à contrôler le Nouvel Ordre mondial.

Antéchrist ou Sauveur de la Terre ? Par souci de transparence, je précise que j'ai travaillé avec l'équipe de Strong lors du « Sommet de la Terre ». Je serais plus susceptible de bénéficier de son accession au pouvoir qu'un autre, ne serait-ce que parce que les partisans de la thèse Gaia seraient plus que bienvenus. Accordons aux chrétiens évangélistes que Strong a en effet tendance à s'entourer de superstars athées (c'est-à-dire n'appartenant à aucune tradition religieuse). Par exemple, l'une de ses plus anciennes collaboratrices est Gro Harlem Brundtland, l'une des femmes les plus influentes du monde et une socialiste bon teint.

Médecin de famille qui a été à trois reprises Premier ministre de Norvège, ancienne dirigeante du Parti travailliste, Brundtland est une ardente féministe dévouée à sa famille. Ancienne vice-présidente de l'Internationale socialiste, elle considère que la santé est un droit fondamental de l'humanité, nécessaire au fonctionnement de toute démocratie. Elle a récemment quitté sa fonction de directrice générale de l'Organisation Mondiale de la Santé (OMS), l'agence des Nations unies basée à Genève. Brundtland a été critiquée pour sa réponse tardive à la crise du sida, mais a été justement saluée pour avoir rapidement mis sur pied une équipe qui s'est montrée particulièrement efficace pour contenir des épidémies comme Ebola ou le SRAS. À la tête de la commission mondiale sur l'Environnement et le Développement des Nations unies, surnommée « commission Brundtland », elle a fondé la doctrine du « développement durable », qui considère la pauvreté comme le pire polluant. Alors, pourquoi en savons-nous plus sur Paris Hilton que sur elle ?

Avec Strong, Brundtland a organisé la conférence des Nations unies de 1972 à Stockholm et assuré la coprésidence du Sommet de la Terre de 1992. On raconte que le duo serait en train d'organiser une autre mégaconférence de l'ONU pour 2012, dont l'objectif sera de consolider et de codifier les préceptes écologiques en lois mondiales contraignantes. « Cette intrication [de l'économie mondiale et de l'écologie planétaire] est la nouvelle réalité du siècle, avec de profondes implications sur la forme de nos institutions de gouvernance nationale comme internationale. Dès avant l'année 2012, ces changements devront être totalement intégrés dans notre vie économique et politique », écrit Strong, qui, comme Carpathia, se chargera sans nul doute de tout.

– 12 –

VIVE LE STATU QUO

Mon méchant ancêtre, Abou Jahad, avait un neveu, Khalid, qui finit par rejeter sa foi païenne et devenir le meilleur général de Mohammed. À l'âge de vingt-neuf ans, Khalid, connu sous le nom d'« Épée d'Allah », avait conquis une bonne partie du monde arabe au nom de l'islam. Sa plus célèbre campagne se déroula en l'an 635, quand il traversa 1 200 kilomètres de désert jusqu'à Damas, ses hommes ne s'arrêtant que le temps d'inciser les bosses de leurs chameaux pour boire un peu d'eau.

Khalid mit en déroute les occupants byzantins de Damas et y entra triomphalement. Il descendit de sa monture pour rendre hommage au lieu où saint Paul, aveuglé par la lumière du Seigneur, avait recouvré la vue. C'est là que Khalid fit chevalier l'un de ses cousins, le plus rapide cavalier de la troupe, sous le nom de Shebab, la « foudre ». Ma grand-mère maternelle, benjamine de vingt-trois enfants, était une Shebab par son père et par sa mère.

Les armées de l'islam prirent Jérusalem trois ans plus tard, en 638, et trouvèrent un endroit qui avait été utilisé comme décharge par les autorités chrétiennes locales. L'endroit, appelé mont du Temple, était le plus sacré pour la religion juive. Selon le Talmud, c'était la terre du mont du Temple que le Seigneur avait utilisée pour façonner Adam. C'était également l'endroit où Abraham avait prouvé sa foi en offrant son fils Isaac en sacrifice. Le roi David y avait érigé un autel, ou un trône, selon certains. Son fils, Salomon, y édifia le premier Temple, d'où le nom de la colline, aux alentours de 950 av. J.-C. Le premier Temple fut détruit par les Babyloniens en 586 av. J.-C. Il fut reconstruit vers 515 av. J.-C., puis détruit par l'empereur romain Titus en l'an 70 de notre ère. Cependant, les Romains ne purent détruire le mur ouest de ce deuxième temple, également connu sous le nom de mur des Lamentations.

Le mont du Temple est bien entendu également un lieu saint pour la chrétienté, au premier chef parce que les chrétiens considèrent les deux Testaments de la Bible comme leur héritage. Mais il se trouve également à cet endroit nombre de références importantes à Jésus. Dans un épisode célèbre du Nouveau Testament, Jésus chassa les marchands et usuriers du Second Temple, pour marquer la frontière entre le royaume de ce monde et celui de Son Père, le Ciel. Après la Crucifixion, le Second Temple aurait été détruit, réalisant ainsi sa prophétie, selon laquelle « aucune pierre ne demeurerait » après sa résurrection. Cependant, comme indiqué plus haut, la plupart des historiens pensent que le Second Temple fut détruit quelques années plus tard par les envahisseurs romains.

Le prophète Mohammed serait le premier musulman à avoir visité le mont du Temple, en l'an 621, lors de son légendaire voyage : il fut transporté instantanément de La Mecque à un endroit proche du mur ouest du Temple, et, de là, voyagea jusqu'au paradis et à l'enfer, tout comme Jésus, selon la tradition. La légende raconte que Mohammed heurta par mégarde un verre et en répandit l'eau. Le Prophète voyagea ensuite dans toutes les dimensions et galaxies et revint avant que l'eau ait eu le temps de toucher la table. Outre sa nature miraculeuse, le voyage instantané de Mohammed est capital pour l'islam parce qu'il relie physiquement la religion à Jérusalem et donc à toutes les grandes traditions bibliques du judaïsme et du christianisme. Dans l'islam, Mohammed est considéré comme le dernier et plus grand prophète d'une lignée qui comprend Abraham et Jésus.

Les conquérants musulmans nettoyèrent le mont du Temple et le sanctifièrent à nouveau par des rites et des prières. En 690, le dôme du Rocher, un sanctuaire musulman, mais non pas une mosquée, fut édifié sur le mont du Temple. Et en 710, la mosquée al-Aqsa fut élevée à l'endroit où Mohammed avait accompli son ascension vers les cieux.

Les musulmans perdirent Jérusalem en 1099, mais ils la reprirent aux croisés en 1187, lorsque le légendaire souverain et guerrier Saladin, dans les armées duquel s'enrôlèrent les Shebab, arriva de Damas pour défaire le roi Richard Cœur de Lion lors de la troisième croisade. Jérusalem fut reconstruite au début du XVIe siècle sous le règne de Suleiman le Magnifique, sultan de l'Empire ottoman. La mosquée al-Aqsa a été depuis reconstruite et agrandie plusieurs fois et est encore là aujourd'hui, comme le dôme du Rocher.

Les musulmans considèrent le mont du Temple comme leur troisième lieu saint après La Mecque et Médine. Bien que clairement situé dans les frontières d'Israël, le mont du Temple demeure sous la garde des musulmans. Il est sous le contrôle du Waqf, une fondation islamique qui, bien qu'elle opère entièrement sur le territoire israélien, jouit d'une quasi-autonomie.

Armageddon ne sera évitée qu'à condition que se perpétue la coopération continue entre les forces de sécurité israéliennes et les autorités musulmanes locales. Certes, on s'accorde à considérer que la visite d'Ariel Sharon au mont du Temple, en septembre 2000, durant laquelle il fit quelques commentaires enflammés sur son avenir, aurait déclenché la deuxième Intifada, le soulèvement palestinien. Mais tous aux abris si Ted Haggard, Pat Robertson et leur florissant cortège de fondamentalistes réussissent à compromettre le délicat équilibre que les diplomates parviennent encore à maintenir.

Le(s) Messie(s) arrive(nt)

Les religions chrétienne, islamique et juive s'accordent toutes sur la venue prochaine du Messie, qui apparaîtra tout d'abord au mont du Temple. Les trois religions divergent bien sûr sur la nature du Messie.

Selon la doctrine juive, ce sera la première visite du Machia'h (« celui qui est oint »), un mortel doté d'une âme divine, qui relèvera le trône de David et y prendra place. Selon les chrétiens, le Messie, Jésus-Christ, fils de Dieu, reviendra pour occuper ce trône. Les musulmans attendent quant à eux le retour du Mahdi (« le bien guidé »). Dans l'islam, les descriptions de la nature du Mahdi et de son origine varient, en grande partie parce qu'il n'est fait mention d'aucun messie dans le Coran.

Les sunnites, qui représentent la majorité des musulmans, affirment que le Mahdi sera un descendant de Mohammed ou de sa sœur Fatima. Il convient cependant de ne pas oublier que Mohammed, bien que reconnu comme le dernier et le plus grand des prophètes, est considéré comme étant de nature humaine et non divine.

Pour leur part, les musulmans chiites, qui, comme les chrétiens évangélistes et les juifs orthodoxes, forment une minorité radicale, croient que le Mahdi, également connu comme le Douzième Imâm, Mohammed ibn Hassan, a disparu au IXe siècle, à l'âge de cinq ans. Le président iranien Ahmadinejad compte parmi les dirigeants chiites qui pensent que le retour du Mahdi est imminent et que tous les bons musulmans doivent hâter son retour, même si cela implique de précipiter des guerres qui peuvent mettre en péril les Iraniens. Dans cette vision fanatique, la gloire de la venue du Mahdi vaut n'importe quel prix, y compris celui du sang.

Le Mahdi reviendra après une période de chaos, de guerres et de fléaux, très similaire à celle décrite dans l'Apocalypse. Selon la version de l'histoire, il voudra reprendre possession du mont du Temple. Et selon le scénario, le Mahdi prendra la tête des armées du Bien pour vaincre le Mal, incarné par Dajjal, équivalent musulman de l'Antéchrist, dans une guerre qui embrasera le monde. En fait, beaucoup de musulmans pensent que le Mahdi s'alliera avec le Christ une fois que celui-ci aura vaincu l'Antéchrist/Dajjal.

Ceux qui cherchent à hâter la (première ou seconde) venue du Messie/Mahdi/Machia'h conviennent que certaines conditions doivent être remplies, la plus importante étant la construction du Troisième Temple sur le lieu où furent édifiés les deux premiers. Cela exigerait la destruction de la mosquée al-Aqsa qui jouxte le mur Occidental (le mur des Lamentations), dernier vestige du Second Temple. Nombre d'attaques sur la mosquée al-Aqsa ont été lancées au cours des dernières années. En 1969, Michael Dennis Rohan, un Australien, essaya de l'incendier. Ce qui rend cet attentat d'autant plus remarquable, c'est que Rohan était un zélé partisan d'Herbert W. Armstrong, fondateur et dirigeant, avec son fils Garner Ted Armstrong, de l'Église mondiale de Dieu. Les Armstrong ont été parmi les premiers à utiliser les médias à grande échelle pour faire passer leur message religieux : sur une célèbre photo de presse, Rohan figure avec un exemplaire de *The Plain Truth*, le magazine des Armstrong, roulé dans sa poche. La « vraie vérité » en question, d'après eux, est que les musulmans doivent être chassés du mont du Temple et leurs lieux de culte détruits, afin que le Troisième Temple puisse être construit, que le Messie Jésus puisse revenir, et qu'Armageddon débute.

Tout comme Ronald Reagan est passé de la frange d'extrême droite à un centre-droit plus consensuel, le prêche des Armstrong a été adopté et absorbé par le mouvement évangéliste aux États-Unis et dans le reste du monde – pour la bonne raison qu'il s'agit d'une lecture littérale et étriquée de la Bible. Si Armageddon est la volonté de Dieu, qu'il en soit ainsi. Mais ne hâtons pas la mort et la destruction en pariant sur une rédemption future. L'éviction des musulmans du mont du Temple donnerait lieu à un bain de sang d'une telle échelle qu'en comparaison le conflit du Moyen-Orient ne serait qu'une bagarre dans une cour de récréation. N'y a-t-il pas meilleur moyen de lancer le nouveau parc de loisirs chrétiens en Israël, qui doit ouvrir en 2012 ?

Le Messie est là

Le 13 octobre 2005 (10 du mois de Tishri 5766 selon le calendrier hébraïque), durant les prières de Yom Kippour, jour le plus saint de l'année juive, Rabbi Yitzhak Kadouri, le kabbaliste le plus renommé d'Israël, baissa la tête et entra dans une transe qui dura trois quarts d'heure. Nombre de ses disciples pensèrent que Kadouri, âgé de cent cinq ans, était victime d'une attaque. Quand il rouvrit enfin les yeux, il annonça avec un rayonnant sourire que, « avec l'aide de Dieu, l'âme du Machia'h s'était attachée à une personne en Israël ». Quand « l'âme du Machia'h s'attache à une personne », cela ne signifie pas nécessairement que l'individu en question deviendra vraiment le Machia'h, mais seulement que cette personne est un candidat possible. « Le Machia'h est déjà en

Israël. Tout ce que les gens croient impossible arrivera, et tout ce dont nous sommes certains nous décevra peut-être. Mais à la fin, la paix régnera dans le monde. Le monde est *mitmatek mehadinim* (en train de s'adoucir par les lois) », déclara le vénéré ancien.

Kadouri attendait de voir le Machia'h depuis presque un siècle, depuis son enfance, quand le légendaire Rabbi Yosef Chaim, également connu sous le nom de Ben Ish Chaï d'Irak, lui accorda trois bénédictions : 1) il connaîtrait une telle bonne santé qu'il n'aurait jamais besoin de voir un médecin (Kadouri est un grand fumeur qui semble en parfaite santé) ; 2) il atteindrait l'âge de cent vingt ans ; 3) il verrait le Machia'h de son vivant. Autre personnalité marquante, Rabbi Menahem Schneerson, rabbin loubavitch de Brooklyn décédé en 1994, prédit également publiquement que Kadouri verrait le Messie de son vivant.

Selon toutes les sources, la condition préalable indispensable à la venue du Machia'h est, outre la construction du Troisième Temple, le retour des juifs en Terre sainte. Au cours des siècles, nombre de grands rabbins ont proclamé à tort la venue du Machia'h, et que la Fin des Temps était proche. Avant que l'État d'Israël ne soit créé en 1948, toutes ces prédictions se fondaient sur l'hypothèse qu'entre-temps les juifs acquerraient une patrie où retourner. Pour autant que je sache, cependant, aucun saint homme de l'envergure de Rabbi Kadouri n'a fait une telle déclaration sur le Machia'h depuis que les juifs sont revenus dans leur patrie spirituelle d'Israël.

D'aucuns soutiennent que l'Ancien Testament exige qu'avant l'apparition du Machia'h sur Terre tous les juifs du monde doivent retourner en Israël. Ce voyage est appelé « faire sa *aliyah* », terme hébreu signifiant littéralement « monter » et, utilisé figurativement, « atteindre un niveau plus élevé » en se rendant en Israël. Mais le consensus émergent semble être qu'une fois que tous les juifs désirant s'y installer l'auront fait, y compris ceux qui pourraient avoir besoin d'aide pour cela, la condition du retour du Machia'h sera remplie.

La plupart des principaux rabbins israéliens ont pris garde de ne pas lancer un appel public au retour à tous les juifs du monde et ont préféré déclarer que « faire sa *aliyah* » est une décision individuelle d'ordre personnel. Ils se rendent compte qu'Armageddon risque de devenir une prophétie qui se réalise d'elle-même : si tous les juifs du monde se mettent à émigrer en masse vers Israël, une guerre, qu'elle soit ou non de la volonté de Dieu, risquerait de se déclarer. Au-delà de l'impact démographique et économique déstabilisant, une immigration aussi massive serait certainement considérée par les pays voisins comme une menace. En prévision de l'arrivée du Machia'h, Kadouri a toutefois prononcé un appel au retour.

« Il me paraît nécessaire d'adresser cette déclaration à tous les juifs du monde. Il est de leur devoir de revenir sur la Terre d'Israël en raison des terribles désastres naturels qui menacent le monde. Dans l'avenir, le Saint, Béni soit-Il, apportera de grands désastres dans les nations du monde, pour adoucir les jugements de la Terre d'Israël. J'ordonne la publication de cette déclaration comme un avertissement, afin que les juifs du monde entier soient conscients de l'imminence du danger et viennent sur la Terre d'Israël pour la construction du Temple et la révélation de notre juste Messie. » (Déclaration du 13 octobre 2005.)

Les prédictions de Kadouri, si elles sont correctes, signifieraient la fin du monde : réunion avec Dieu pour certains, mort et perdition pour tous les autres. En conséquence, ses propos ont suscité bon nombre de commentaires. Il a d'ailleurs même été contesté que Rabbi Kadouri l'ait réellement prononcée, mais cela a été vérifié.

Les cyniques font observer que Kadouri est très marqué politiquement par son alliance avec le parti religieux Shas, qui refuse tout compromis avec les Palestiniens ou les Arabes en général et soutient les tenants de la droite dure comme l'ancien Premier ministre Benjamin Netanyahu. En octobre 2004, Kadouri a été l'une des principales personnalités à réclamer la convocation du tribunal religieux juif, le Sanhédrin, qui s'est rassemblé pour la première fois depuis presque seize siècles.

Le Sanhédrin, regroupant 71 autorités rabbiniques, était principalement composé de partisans de Meir Kahane, terroriste d'extrême droite plus connu comme le fondateur aux États-Unis de la Ligue de défense juive dont je me rappelle particulièrement le slogan – « Un calibre 22 pour chaque juif » – car je suis sorti à l'université avec une jeune fille juive dont le père était l'un des partisans de Kahane. En Israël, Kahane fonda le parti Kach, qui fut interdit pour racisme par la Knesset, le Parlement israélien.

La première tâche du Sanhédrin est de rebâtir le Temple à Jérusalem. Kahane a essayé au moins une fois, et a été condamné en 1980 à six mois de prison pour avoir fomenté la destruction de la mosquée al-Aqsa. Cette ligne d'action est encore celle des membres actuels du Sanhédrin, dont bon nombre sont associés avec des groupes impliqués dans différents projets d'attentat contre des cibles musulmanes. Le Waqf, qui administre les lieux saints musulmans et l'esplanade des Mosquées, les accuse d'avoir creusé des tunnels aux alentours du site, affaiblissant les fondations d'al-Aqsa. Ceux-ci répliquent que les musulmans ont également affaibli l'édifice et même détruit d'anciens vestiges hébreux.

Le Moyen-Orient a bien sûr connu de tout temps ce genre de manœuvres de part et d'autre. La région est comme un volcan actif qui crache périodiquement un peu de lave, dissipant peut-être un peu de pression ou se préparant pour la grande éruption. L'objectif est moins de tenter de faire taire les grondements de ce volcan que d'empêcher quiconque de lancer une bombe dans sa gueule ouverte.

Les déclarations de Rabbi Kadouri semblent raconter le déroulement d'une histoire ordonnée par Dieu : « Selon les écrits du Gaon de Vilna, la guerre de Gog et Magog se déclarera durant la fête juive d'Hoshana Rabba [le septième jour de la fête de Soukkot], juste après la conclusion de la septième année de Shmitta [année agricole sabbatique]. »

Rabbi Eliyahu, le « Génie de Vilna », dont le nom a été découvert dans le Livre de la Genèse par les décodeurs de la Bible, est un rabbin légendaire dont les prédictions, comme celles de Nostradamus, sont vénérées, bien que très compliquées à déchiffrer.

Magog et son souverain, Gog, sont censés être les ennemis ultimes d'Israël. Telle qu'elle est racontée dans Ézéchiel, 38, et dans l'Apocalypse, 20, la fin de la guerre contre Gog et Magog ouvre la voie à l'ultime conflit d'Armageddon. (Durant la plus grande partie de la guerre froide, l'URSS était considérée comme Magog. Il se trouve que les États-Unis ont commencé le bombardement des talibans et des forces d'al-Qaida en Afghanistan juste après le coucher du soleil du 13 octobre, précisément la date fatidique d'Hoshana Rabba dont parlait Rabbi Eliyahu de Vilna, et durant une année de Shmitta, pour ne rien arranger.) Selon la prophétie, le conflit de Gog et Magog doit durer sept ans, au terme desquels, à l'automne 2008, une révélation capitale sur le Machia'h sera faite.

Kadouri nous rappelle également que, selon le Midrash, recueil de commentaires de sagesse talmudique, l'un des signes de la venue du Machia'h est le réchauffement de la planète.

Quand un sage de cent cinq ans estime de son devoir de nous annoncer l'imminence d'Armageddon, il convient de le prendre au sérieux. Mais si Kadouri et ses partisans entreprennent de précipiter les événements en agissant comme s'ils connaissaient le dessein divin, dans ce cas, cette agression contre la paix et la stabilité doit être empêchée.

J'aurais pu me contenter de croiser les doigts et de jeter à la corbeille des arcanes talmudiques les prédictions du vénérable Rabbi Kadouri et de son encore plus estimable prédécesseur Rabbi Eliyahu de Vilna, s'il n'y avait pas en concurrence un autre kabbaliste, à l'extrême opposé de l'échelle culturelle.

Joseph Michael Levry, érudit kabbaliste de ce que l'on peut appeler une variété New Age, voit à peu près le même déroulement d'événements, bien qu'ils décrive ce scénario très différemment. Vivant à New York, où il a fondé l'Universal Healing Center (Centre de guérison universelle), Levry voyage constamment entre les États-Unis, l'Europe et Israël. Également connu sous le nom de « Gurunam », il enseigne une synthèse de la Kabbale et du yoga Kundalini. Selon lui, avec le transit de Vénus le 8 juin 2004, le monde est entré dans une période appelée « Déluge », « Descente des Nuages » ou « Lever d'Aphrodite ». Cette période de transition agitée, coïncidant pour l'instant avec la guerre d'Irak, Katrina et les autres mégacyclones, continuera selon lui d'être une époque de conflits intenses qui culminera en 2012.

« La Terre, elle aussi, se bat pour survivre. En fait, le monde aura subi huit ans de purification, une sorte d'expérience planétaire de mort imminente, en connaissant les affres des catastrophes naturelles et/ou de la guerre, déclare le kabbaliste. L'ancien monde sera abattu afin de permettre la construction du nouveau monde de conscience spirituelle collective dont le cœur sera l'amour universel. La carte politique sera modifiée. Il pourrait même se produire un changement dans la stabilité géophysique du monde. Tous comprendront que le nouvel âge qui apparaît, précédé de dévastation, était une purge nécessaire pour que l'humanité puisse se transformer. »

Levry considère 2012 comme l'année de l'avènement d'une nouvelle conscience supérieure : « Face à l'aube de 2012, les humanistes sentent dans leur cœur l'emprise du changement, les tours et détours du destin qui sont à leur portée et les tentent. Et à présent, plus que jamais, l'humanité a besoin de tout ce qui peut lui permettre de devenir des hommes et des femmes de lumière. »

Résister à la prophétie

Armageddon est écrit. Mais ce sentiment nous a été inculqué par trois mille ans de croyances. On nous a enseigné que la vie devait se terminer ainsi et, ironie suprême, nous sommes en quelque sorte plus rassurés de voir la prophétie s'accomplir, même si elle débouche sur une immense tragédie, que de remettre en question les hypothèses fondamentales de la civilisation judéo-islamo-chrétienne.

Dieu désire-t-Il réellement que les non-chrétiens soient consumés comme d'infortunés figurants dans l'épisode biblique d'Armageddon ? Les évangélistes répondent que tous les êtres humains auront la possibilité de reconnaître le Christ. Mais les milliards d'individus qui restent fidèles à leurs propres traditions religieuses ne vont pas se jeter d'eux-mêmes sur le bûcher, même si le Moyen-Orient s'embrase !

Les peuples du Moyen-Orient font passer leur destin pour celui du monde, mais la majorité de la population mondiale – les Chinois, Indiens et autres populations ni chrétiennes, ni musulmanes ni juives – voit naturellement les choses d'un autre œil. Il est urgent que le monde occidental se désintoxique du Moyen-Orient.

Plus facile à dire qu'à faire. Le président George W. Bush est arrivé au pouvoir avec la louable intention de diminuer l'influence du Moyen-Orient sur la politique des États-Unis. Au lieu de cela, la région, et notamment l'Irak, accapare son administration. Pendant ce temps, la Chine dévore les ressources naturelles de l'hémisphère sud et répand la pire pollution de toute l'histoire sans que personne y trouve à redire.

Se pourrait-il qu'il existe un plan prévu de longue date, comme le prédisent Isaïe et saint Jean ? La mise sur la touche de Sharon et l'élection d'Ahmadinejad sont les derniers d'une série d'événements qui, comme l'assassinat de Yitzhak Rabin, la découverte des codes de la Bible et de l'église d'Armageddon dans la prison de Megiddo, rendent trop plausible l'inexorable déroulement du scénario de l'apocalypse.

Les obscurantistes qui pensent que nous la méritons et que nous devons payer le prix de la rédemption n'attendront pas le début de l'ultime feu d'artifice. Si on leur donne une allumette et le champ libre, ils agiront.

– 13 –

CONFLUENCE

« On sera quittes si vous faites quelque chose pour nous », me dit Carlos Barrios avec un petit clin d'œil. Carlos, Gerardo et moi venons d'évoquer les cinq siècles de domination impitoyable, de persécutions et d'extermination des indigènes par les conquérants du Nord. Par réflexe patriotique, si j'ose dire, je me retrouve à défendre des politiques que je n'ai jamais soutenues et auxquelles je ne connais d'ailleurs pas grand-chose. Au même moment, Carlos reçoit un appel concernant le voyage qu'il doit faire prochainement avec Gerardo à Tokyo, où ils doivent conclure des négociations pour fournir aux utilisateurs de mobiles japonais un horoscope maya quotidien. Carlos donne ses instructions à son avocat, raccroche et reprend :

« Arrêtez Jose Arguelles ! »

Arrêter Jose Arguelles ? Lui qui est à l'initiative des célébrations de Convergence harmonique de 1987 ! La personne au monde la plus étroitement associée à la culture et à la science mayas ! Plus que quiconque, c'est Arguelles qui a popularisé auprès du grand public l'importance de 2012. Pourquoi donc Carlos veut-il l'arrêter ?

Le problème, c'est qu'Arguelles est fou.

Examinons sa prédiction pour le 21 décembre 2012. Une fois que les équipes de synchronisation déployées à chaque nœud de la grille de lumière planétaire auront reçu leurs ordres de la Fédération galactique, des unités avancées du Conseil des affaires solaires et planétaires entreront en action.

« Le moment unique, celui de la synchronisation planétaire totale, 13.0.0.0.0 [le 21/12/12 selon notre calendrier], arrivera, concluant non seulement le Grand Cycle, mais également la parenthèse évolutionnaire appelée Homo Sapiens. Parmi les préparatifs festifs et les signaux galactiques transmis psychiquement, l'espèce humaine, en harmonie avec le règne animal et les autres, prendra sa place légitime dans la grande mer électromagnétique et s'unifiera en un circuit unique. Les transmissions sonores solaires et galactiques inonderont le champ planétaire. Au moins la Terre sera-t-elle prête pour l'émergence d'une civilisation interplanétaire », écrit Arguelles dans *Le Facteur Maya* (p. 194).

À cet instant, un arc-en-ciel de conscience humaine collective joindra les deux pôles et, dans un éclair multicolore, nous serons projetés dans le bienheureux au-delà.

Bon sang !

Peut-être Arguelles est-il un faiseur de mythes modernes, comme Gene Roddenberry avec *Star Trek* ou George Lucas et sa *Guerre des Étoiles*. Selon *Hamlet's Mill : An Essay Investigating the Origins of Human*

Knowledge and Its Transmission Through Myth (Essai sur les origines du savoir humain et sa transmission au travers des mythes), paru aux Presses universitaires de Chicago en 1969, la plupart des grands mythes se rapportent au ciel. Dans cet ouvrage classique, Giorgio de Santillana, professeur d'histoire et de philosophie des sciences au MIT, et Hertha von Dechend, professeur d'histoire des sciences à l'université de Francfort, examinent pratiquement tous les mythes, depuis Amaterasu (déesse japonaise du soleil qui bannit son frère du ciel pour ses exactions) jusqu'à Zurvan Akarana (puissant dieu du temps iranien qui menace l'œuf du monde de son marteau de cuivre). Bien que cette exégèse soit parfois étourdissante, la thèse développée – le mythe émane de l'astronomie – est très convaincante.

Imaginez-vous vivant dans une société primitive. Lors des nuits sans lune ni nuages, vos amis et vous passez votre temps à contempler la Voie lactée, et, les années passant, vous devenez d'assez bons astronomes amateurs. Le ciel nocturne est le décor idéal pour inventer des histoires : les étoiles et en particulier les planètes, très lumineuses, qui se déplacent, peuvent être personnifiées par un lion, un cheval, un serpent, etc. Les histoires qui ont alimenté des siècles de veillées sont devenues des mythes essentiels de notre culture.

Lorsque Arguelles découvrit la cosmologie maya, il a spontanément fait des associations d'idées qui ne poseraient aucun problème s'il se disait romancier. « Arguelles peut raconter toutes les histoires d'étoiles qui lui chantent. Mais il n'a pas le droit de prétendre qu'il véhicule des croyances mayas. Vous voulez parvenir à quelque chose avec votre livre ? Arrêtez Arguelles ! Il a des partisans dans le monde entier. Un demi-million en Australie ! Le livre qui l'a rendu célèbre [*Le Facteur Maya*], il l'a écrit sans même avoir voyagé dans le monde maya, sans parler aux Mayas. Mexico, d'origine aztèque, ne compte pas », déclare Carlos, qui voit en Arguelles un usurpateur plus dangereux que les autres parce qu'il est d'origine hispanique et se présente comme le héraut de la culture maya.

« Nous nous sommes finalement rencontrés il y a quelques années et il a promis de cesser de prétendre qu'il parlait des Mayas, et d'admettre que ses livres ne reflétaient que ses théories personnelles. Mais comme personne ne s'intéressait plus à lui, il a recommencé à raconter que ses livres sont mayas. D'un côté comme de l'autre, le mal est fait », ajoute Gerardo.

Dernièrement, Arguelles a commencé à qualifier ses livres de « maya galactique », et écrit sous le nom de Pakal Votan, divinité maya dont le tombeau a été découvert à la fin des années 1950. Habité par Votan, Arguelles transmet ses révélations à Stephanie South, alias la Reine Rouge. Cette inspiration a déjà pris la forme du *Book of the Throne of the Cosmic History Chronicles (Livre du Trône des chroniques d'histoire cosmique)*, « reformulation de l'esprit humain » en sept tomes.

« L'Histoire Cosmique est un système de pensée et une technique qui doit être apprise et appliquée afin que l'être humain puisse franchir l'étape suivante sur la route de l'évolution et atteindre un système de perception holographique », a transmis Votan à la Reine Rouge.

J'interroge les frères Barrios avec prudence : les Mayas pensent-ils que les humains portent sur le plexus solaire des antennes recevant des messages du cœur de la Voie lactée comme le prétend Arguelles/Votan ? Le visage de Gerardo se fige comme du marbre. Carlos avale un cachet contre les aigreurs d'estomac. J'insiste. Est-il exact, comme l'écrit le cosmologiste Brian Swimme dans la préface du *Facteur Maya*, qu'il existe un rayon issu du cœur de la galaxie auquel « toute personne a le pouvoir de se connecter directement, sensuellement et électromagnétiquement », absorbant ainsi son énergie/information ? Il résume ainsi la position d'Arguelles : « L'histoire humaine est façonnée en grande partie par un rayon galactique que le Soleil et la Terre traversent depuis cinq millénaires ; un grand moment de transformation nous attend lorsque nous atteindrons le bout de ce faisceau en 2012. »

Ni antennes dans le ventre ni rayon, me confirment les frères Barrios. Mais Vernadsky, le célèbre écoplanétologue russe, n'est pas aussi catégorique : « Des radiations provenant de toutes les étoiles pénètrent la biosphère, mais nous n'en percevons qu'une infime proportion, provenant presque essentiellement du Soleil. L'existence de radiations originaires des plus lointaines régions du cosmos ne peut être mise en doute. Étoiles et nébuleuses émettent en permanence des radiations spécifiques et tout porte à croire que les radiations pénétrantes découvertes dans la haute atmosphère déterminent le caractère et les mécanismes de la biosphère », écrit-il dans *La Biosphère* (p. 47).

Toujours pas d'antennes dans le ventre, mais Vernadsky, à l'instar d'Arguelles, pense que l'équilibre de la biosphère, dont l'Homo Sapiens est partie intégrante, dépend de radiations galactiques. Tout comme Dmitriev, pour qui des « impulsions venues du centre de la galaxie » sont l'un des trois facteurs le plus gravement sous-estimés par les scientifiques contemporains. Et il existe au moins un point de convergence entre cette notion de liaison galactique et l'ancienne croyance maya selon laquelle la Voie lactée est la route des âmes vers l'au-delà, ou une connexion ombilicale entre ciel et Terre, qui sera interrompue par l'éclipse du centre de la galaxie par le système solaire le 21 décembre 2012.

2012 et le Yi-Qing

Le spectre de 2012 a certes captivé des esprits hors du commun, à commencer par Terrence McKenna, philosophe New Age qui a été intronisé par le *New York Times* comme le successeur de Timothy Leary – lequel avait d'ailleurs un jour présenté McKenna comme le « vrai Timothy Leary ». Après un diplôme en écologie à Tussman Experimental, annexe de l'université de Californie à Berkeley, McKenna passa quelques années à attraper des papillons et à faire de la contrebande de haschisch en Asie, avant de se rendre avec son frère David dans la forêt pluviale amazonienne de Colombie pour « étudier » une substance appelée « oo-koo-he », « psychofluide violet » local. Au bout d'un an de défonce aux hallucinogènes amazoniens et de délires sur le Yi-Qing, grand livre chinois de la sagesse, McKenna découvrit une fractale complexe encodée dans l'oracle. Cette fractale, qu'il appela « onde temporelle », est un diagramme répétitif de la trajectoire du temps. Elle confirme la prédiction fondamentale des Mayas selon laquelle le temps s'arrêtera le 21 décembre 2012.

Le Yi-Qing, également appelé Livre des Transformations, remonte à presque trois millénaires. Il mélange d'anciennes prophéties avec la mythologie, l'histoire et le folklore chinois. Selon le psychanalyste Carl Jung, les explications en termes de cause et d'effet ne sont d'aucun secours pour comprendre le Yi-Qing. Le livre traite du hasard et offre à son lecteur différentes manières de comprendre, voire d'exploiter, les coïncidences en parvenant à un état de perfection mentale et spirituelle, et en saisissant l'ensemble des détails qui composent n'importe quel moment donné.

L'inspiration de McKenna n'était-elle que le produit des psychotropes ou a-t-il réellement déchiffré notre destin ? Le Yi-Qing commence avec ce que l'on appelle « la séquence des 64 hexagrammes du roi Wen », dessins constitués de six lignes pleines ou brisées. Chaque hexagramme a ses propres signification et implication, comme l'explique le texte du livre. McKenna nota que cette séquence correspondait au calendrier lunaire de 384 jours utilisé par les anciens Chinois : 64 (nombre d'hexagrammes) multiplié par 6 (nombre de lignes par hexagramme) égale 384. En conséquence, il estima que la séquence du roi Wen représentait le temps. Une étude plus approfondie révéla d'autres correspondances. Le nombre moyen de jours dans un calendrier lunaire est de 29,53. En multipliant ce nombre par 13, nombre des mois du calendrier, on obtient 383,9, soit presque 384, nombre magique de la séquence du roi Wen.

Convaincu que le Yi-Qing représentait l'écoulement du temps, McKenna entreprit de dresser un diagramme de l'histoire. Les époques de grandes innovations étaient représentées par des pics, les époques de faible mutation par des creux. Il découvrit que le même schéma de pics/creux se répétait constamment, mais à des intervalles de plus en plus courts. Par exemple, le même graphique qui représente la période de 30 000 ans entre l'arrivée du Neandertal et l'apparition de l'art illustre également la période de cinq siècles entre la Peste noire qui ravagea l'Europe et la révolution industrielle. Et la forme du graphique est la même pour les périodes suivantes, un siècle, un an, en descendant l'échelle jusqu'aux heures, point où l'onde de temps approche de 2012. Le temps qui a commencé comme une brise légère s'est accéléré au cours de l'histoire et est désormais un ouragan.

« La beauté n'est autre que le commencement de la terreur », écrivit le poète romantique Rainer Maria Rilke dans *Les Élégies de Duino*. Un esprit psychédélique comme celui de McKenna aurait trouvé matière à inspiration dans cette phrase, surtout au moment où il découvrit que la date qu'il avait obtenue et qui marquait la fin de l'histoire, le jour où le temps soufflerait une bonne fois pour toutes et balaierait la réalité, était le 22 décembre 2012, lendemain de l'échéance définie par les Mayas.

McKenna affirme avoir découvert cette date sans intervention extérieure. Les frères McKenna publièrent leur théorie de l'onde du temps dans *The Invisible Landscape : Mind, Hallucinogens and the I Ching (Le Paysage invisible : l'esprit, les hallucinogènes et le Yi-Qing)*, paru en 1975, et réédité en 1993, une bonne dizaine d'années avant que le livre de Jose Arguelles, *Le Facteur Maya*, ne jette en pâture la date du 21 décembre 2012 dans le débat.

La mystique orientale de 2012

Salué par le brillant romancier Tom Robbins comme le « plus grand philosophe visionnaire de notre époque », Terrence McKenna est devenu l'idole du Santa Fe Institute, consacré à l'étude de systèmes complexes. Avant sa mort, en 2000, à l'âge de cinquante-trois ans, d'une tumeur au cerveau (qui, selon les médecins, n'avait rien à voir avec la copieuse quantité de psychotropes qu'il avait ingurgitée depuis son adolescence), McKenna co-écrivit un autre livre, *The Evolutionary Mind : Trialogues on Science, Spirit and Psychedelics (L'Esprit évolutif : trialogues sur la science, l'esprit et les substances psychédéliques)* avec deux pontes de l'institut de Santa Fe. Le théoricien du chaos Ralph Abraham est spécialisé dans la détermination des conditions dans lesquelles des systèmes organisés sombrent dans l'anarchie, comme l'effondrement de l'écosystème planétaire en raison de pressions externes et internes. Le philosophe naturaliste Rupert Sheldrake avance pour sa part que la Nature possède une sorte de banque mémorielle universelle dans laquelle puisent de temps à autre ses créatures pour accélérer l'apprentissage et l'évolution – théorie qui s'accorde bien avec la notion d'accélération de l'onde temporelle de McKenna.

En 1987, le *New York Times* me demanda d'expliquer pourquoi Sheldrake avait abandonné sa confortable chaire de professeur de biochimie à l'université de Cambridge pour emménager dans un ashram du sud de l'Inde, où il écrivit un livre intitulé *A New Science of Life : The Hypothesis of Formative Causation* (*Une nouvelle science de la vie : l'hypothèse de la causalité formative*). Grosso modo, Sheldrake affirme que si l'on enseigne à un groupe de rats, par exemple, une série de tours à Los Angeles en avril, un groupe de rats semblables à Londres apprendra plus rapidement ces tours que leurs prédécesseurs. Ce serait le cas, affirme-t-il, même s'il n'y avait aucune communication entre les rats, leurs dompteurs ou toute autre forme d'échange d'information entre les deux groupes.

La Nature dotée d'un esprit – en quelque sorte un être sensible –, voilà une théorie qui pourrait plaire aux tenants de l'école de la divinité ! Mais pour les scientifiques, Sheldrake pouvait être envoyé au bûcher. Le seul collègue de Sheldrake à Cambridge à formuler une critique favorable de son ouvrage fut Brian Josephson, lauréat du prix Nobel de physique en 1973 grâce à une monographie d'une page et demie sur ce qu'on appelle la Jonction Josephson, volet de la mécanique quantique qui mena trente ans plus tard au développement des superconducteurs. À l'époque, Josephson était plongé dans l'étude de la manière dont l'univers se replie sur lui-même : il avança l'opinion que Sheldrake s'était peut-être perdu dans l'un de ses plis.

C'était une thèse intéressante, mais cela ne suffisait pas à rédiger un portrait en 4 000 mots, aussi déboursai-je 500 dollars pour me rendre en Inde. Là, je découvris à ma grande surprise que j'étais le sosie de Rajiv Gandhi, Premier ministre indien de l'époque. (Cette ressemblance me valut d'extraordinaires manifestations d'hospitalité. Dans un village bordant la rivière Cauvery, je fus couvert de colliers de jasmin et on m'offrit en guise de fanion un papillon attaché à une ficelle.)

Shantivanam, l'ashram hindouiste-chrétien situé aux alentours de Madras (aujourd'hui Chennai) où Sheldrake rédigea son livre, était dirigé par un homme sage, le père Bede Griffiths, ancien bénédictin d'Oxford qui, avant sa mort en 1993, écrivit de nombreux livres conjuguant spiritualité hindouiste et chrétienne. Il transmit au jeune scientifique la conception hindouiste selon laquelle il importe de comprendre le monde invisible. Il prêchait l'existence d'un esprit universel d'où tout provient, rats, êtres humains, plantes, etc. – l'esprit universel étant la réalité, et le monde physique sa plus grande manifestation.

« Dès le début de l'Histoire, pour autant que je sache, [l'humanité] a reconnu derrière tous les phénomènes de la nature et de la conscience une puissance cachée... Il n'existe pas une particule dans l'univers, pas un grain de sable, pas une feuille, une fleur, un animal ou un être humain qui n'ait pas son être éternel dans cet Un et qui ne soit pas connu dans la vision unificatrice de l'Un. Ce que nous voyons est le reflet de toute la beauté de la création dans le miroir de nos sens et de notre imagination, étendu dans l'espace et le temps. Mais dans la vision de l'Un est contenue toute la multiplicité de la création, pas dans l'imperfection de son devenir, mais dans l'unité de son être », écrit Griffiths dans *The Marriage of East and West* (pp. 89, 92).

L'idée de Griffiths d'une réalité véritable derrière la réalité physique est appelée en hindi *maya*. Les savants hindouistes font remonter le début de l'époque actuelle, connue sous le nom de Kali Yuga, au jour de la mort du corps physique de Krishna, à minuit, le 18 février 3102 av. J.-C., date étonnamment proche de la date du commencement chez les Mayas, le 11 août 3114 av. J.-C. À la fin du Kali Yuga, ou âge de fer, viendra Kalki, équivalent hindou du Messie. Kalki est le dixième et dernier avatar (incarnation) de Vishnou, l'un des trois aspects de la divinité suprême de l'hindouisme : Vishnou, Brahmâ et Çiva forment ce que l'on appelle parfois la Trinité hindouiste. Kalki apportera la justice aux victimes et ouvrira un nouvel âge d'or. Cependant, cet âge d'or ne devant pas commencer avant l'année 428 898 de notre ère, personne ne s'en souciait beaucoup.

On ne commença à s'y intéresser que lorsque Sri Kalki Bhagavan entra en scène il y a quelques années et fonda son propre ashram, également aux environs de Madras/Chennai – non loin d'ailleurs de l'endroit où, en 1991, Rajiv Gandhi reçut un cadeau. Après l'explosion, on ne retrouva que ses chaussures.

Kalki, comme il aime à se faire appeler, s'est autoproclamé dixième et dernier avatar de Vishnou, et a annoncé que l'âge d'or commencerait, après bien des souffrances et des tourments, en 2012. Kalki accorde du crédit aux prophéties mayas, au grand dam de la hiérarchie officielle brahmanique, qui a intenté un procès pour escroquerie à cet ancien employé d'une compagnie d'assurances. Le procès est remonté jusqu'à la Cour suprême, mais Kalki reste impavide. Avec l'aide de plus d'un million de partisans de par le monde, dont beaucoup passent par son établissement de plus en plus vaste, son épouse et lui dirigent la Fondation de l'âge d'or et l'université de l'Un, et sont en train d'édifier le temple de l'Un, qui sera l'un des plus grands bâtiments sans colonnes d'Asie. Son site web, *Global Oneness*, très œcuménique, attire une foule de curieux.

Kalki relie sa prédiction sur 2012 au transit de Vénus. La planète transite, c'est-à-dire passe – du point de vue de la Terre – devant le Soleil moins de deux fois par siècle. Le dernier transit a eu lieu durant six heures le 8 juin 2004 et nous assisterons au prochain le 6 juin 2012. Les précédents avaient eu lieu en 1874 et 1882. Presque tous les systèmes cosmologiques accordent un statut particulier à Vénus. Dans l'astrologie maya, le calendrier tzolkin de 260 jours est calculé pour approcher la durée de la grossesse humaine et le nombre de jours où Vénus est visible chaque année. Quatre siècles avant notre ère, les astronomes mayas avaient calculé que l'orbite de Vénus était de 584 jours, un chiffre assez proche des 583,89 jours estimés par la science moderne. Étrangement, le jour vénusien, qui dure 243 jours terrestres, est plus long que son année de 225 jours. Les anciens Mayas croyaient que Vénus incarnait leur suprême divinité de la bonté, le serpent à plumes Kukulcan.

Dans la mythologie védique, commune aux hindouistes et aux bouddhistes, Vénus est appelée Shukra, mot sanscrit signifiant « semence ». Considéré comme un homme efféminé qui avait appris à combattre les dieux, Shukra a donné son nom au vendredi, sixième jour de la semaine. Donc, dans la numérologie hindouiste, il gouverne le nombre 6. Or il se trouve que le prochain transit de Vénus/Shukra se produira le 6/6/12 (6 + 6).

Voilà une coïncidence suffisante pour qu'on y regarde à deux fois. 2012 est décidément une année très particulière.

Tour du monde en 2012

Selon Patrick Geryl et Gino Ratinckx, qui défendent avec véhémence cette thèse dans *The Orion Prophecy (La Prophétie d'Orion)*, la date de l'apocalypse pour 2012 serait une conséquence de la disparition de l'Atlantide : « Le jour où l'Atlantide fut engloutie par les flots – le 27 juillet 9792 av. J.-C. –, Orion, Vénus et quelques autres étoiles et planètes occupaient des positions codes. Les grands prêtres qui échappèrent au cataclysme emportèrent leur savoir avec eux et le cachèrent dans le labyrinthe (le Cercle d'Or) en Égypte. Et là fut conçu un grand plan pour avertir l'humanité du prochain cataclysme. Cette histoire incroyablement troublante doit être révélée au monde entier. Car, en 2012, les étoiles seront exactement dans la même position que le jour où l'Atlantide a été engloutie. »

Qui sait si Platon et ceux qui ont parlé de l'Atlantide avaient raison de croire à son existence ? Et même si elle a été autrefois engloutie, rien ne garantit que les bulles qui remontèrent à la surface étaient des perles de sagesse. Geryl et Ratinckx consacrent une grande partie de leur livre à faire correspondre les prophéties des Mayas et de l'Atlantide, qui, d'après eux, nous sont parvenues par le biais de l'Égypte ancienne. Mais comment ces civilisations communiquaient-elles ? Grâce à la banque mémorielle universelle de Sheldrake ?

La traversée transatlantique nécessaire pour aller d'Égypte en Amérique centrale aurait pu être accomplie par les marins phéniciens, mais ceux-ci auraient transmis alors un savoir ancien, puisqu'ils apparurent des siècles après l'apogée des Égyptiens. À moins que le lien n'ait été établi bien plus tôt. Des voyageurs de l'Antiquité auraient pu partir d'Égypte vers le nord-est, traverser l'Asie et la Sibérie jusqu'au passage de Béring, langue de terre de presque 1 600 kilomètres de large qui, selon les géologues, recouvrait il y a 10 000 ans ce qui forme désormais le détroit de Béring. Les paléogénéticiens estiment aujourd'hui que les Indiens d'Amérique sont les descendants de peuplades préhistoriques asiatiques qui ont traversé le passage terrestre de Béring.

Les voyageurs égyptiens auraient ensuite traversé le continent nord-américain pour atteindre l'Amérique centrale, où ils auraient rencontré l'obscure civilisation olmèque, qui a précédé les Mayas de plusieurs siècles, peut-être d'un millénaire.

Le site archéologique de Cuello, situé dans le nord du Belize, abrite les vestiges de l'une des communautés le plus anciennement établies dans le monde. Le site a été habité en continu de 2500 av. J.-C. jusqu'à la fin de la période maya classique, vers l'an 1000 de notre ère, selon Thor Janson, explorateur et universitaire établi au Guatemala depuis la fin des années 1980. Janson a construit sa renommée en soulignant les similarités entre la civilisation maya classique et ses équivalents en Égypte, en Inde et ailleurs.

« Les insignes mayas étaient la réplique presque exacte de ceux de l'Ancien Monde : éventails, sceptres, trônes en forme de tigre ou de lotus, dais, palanquins et conque en guise de cor royal. D'étonnantes similitudes existent également entre les mythologies de ces cultures supposées séparées dans l'Ancien et le Nouveau Mondes. Parmi ces figures mythologiques communes se trouve l'arbre de vie portant un oiseau aux ailes déployées à sa cime et un serpent à ses racines, les quatre couleurs sacrées, les quatre points cardinaux sacrés, les quatre éléments primaires sacrés (feu, terre, air, eau) », écrit Janson.

Gerardo Barrios considérait avec scepticisme l'hypothèse d'une relation entre Mayas et Égyptiens jusqu'à sa visite des pyramides avec un anthropologue égyptien. Il en est revenu avec un ensemble de photos de hiéroglyphes d'allure très maya, dont des créatures évoquant de très près le serpent à plumes Kukulcan. Mais pas de panthère noire.

Il n'y a rien d'étonnant à ce que la date finale de 2012 soit si répandue dans toutes les cultures des Indiens d'Amérique. Dans *The Cherokee Sacred Calendar : A Handbook of the Ancient Native American Tradition*, Raven Hail, membre de la nation Cherokee d'Oklahoma, permet à ses lecteurs de calculer leur signe selon l'astrologie indienne. L'éphéméride commence le 11 janvier 1900, jour appelé Jour 1 du Lapin, et identifie chaque premier jour des « semaines » de treize jours (similaires au calendrier tzolkin maya) des 112 années suivantes, se terminant, sans commentaire, le Jour 4 de la Fleur, soit le 21 décembre 2012. La Fleur, précise Hail, est la plus sacrée des vingt signes quotidiens, parce qu'elle est la fin du cycle. Des treize énergies, « 4 est le chiffre le plus sacré : comme les quatre cadrans de la Terre, les quatre saisons, les quatre phases de la vie humaine (Vierge, Mère, Mage et Minuit) », écrit-il.

La perspective cherokee s'accorde avec celle des indiens Q'ero du Pérou. Dans *Keepers of the Ancient Knowledge : the Mystical World of the Q'ero Indians* (2001), Joan Paris Wilcox, initiée aux rites q'ero, raconte que le folklore tribal décrit la période 1990-2012 comme « l'Âge des Retrouvailles », à la fin duquel le Temps cessera d'être.

Le 21 décembre 2012 est également une date magique pour les Hopis d'Arizona. « La prophétie hopi est une tradition orale qui a prédit l'arrivée de l'homme blanc, des guerres mondiales et des armes nucléaires. Elle prédit également que le temps finira quand l'humanité entrera dans le Cinquième Monde », écrit Richard Boylan dans *Earth Mother Crying : Journal of Prophecies of Native People Worldwide.* Les Hopis gardent jalousement leurs prophéties à l'abri du grand public, au point de poursuivre parfois en justice ceux qui les révèlent. Cependant, il est connu que le calendrier hopi et celui des Mayas sont à peu près synchrones : tous les deux indiquent le commencement d'un Cinquième Monde ou Âge le 21 décembre 2012.

Un curieux aimant

« À mesure que nous nous rapprochons de 2012, comme par l'effet d'un étrange aimant de temps suspendu dans le ciel, nous éprouvons d'instinct la force de son attraction. Comme les chenilles subissant leur métamorphose pour devenir enfin des papillons, nous sommes peut-être programmés pour nous métamorphoser en autre chose », écrit l'astrologue Barbara Hand Clow. S'agit-il d'un programme ADN universel ou d'une convergence d'influences ?

Prenons par exemple le rôle de 2012 dans les légendes des Maoris, le peuple indigène de Nouvelle-Zélande. La mythologie maorie prédit la réunification de Rangi (le Ciel) et de Papa (la Terre), couple si étroitement uni qu'ils écrasent leurs enfants entre eux. Après des années de lutte, les enfants, qui représentent dans ce mythe l'humanité, réussissent à écarter Rangi et Papa, au prix de luttes fratricides. Une fois leurs enfants totalement épuisés par leurs luttes, Rangi et Papa se réunissent, détruisant tout ce qui se trouve entre eux. Avant la destruction finale, une immense pirogue descendra des cieux pour prendre à son bord les quelques individus qui auront réussi à préserver leur nature spirituelle.

La réunion de Rangi et Papa serait prévue pour 2012, mais les Maoris hésitent à le proclamer, dans la mesure où nombre de leurs mythes se trouvent avoir été forgés au début du XIXe siècle par des anthropologues occidentaux ayant grossièrement déformé les récits traditionnels ou totalement inventé des légendes progressivement incorporées au folklore local. Un siècle et demi plus tard, alors que la supercherie a été éventée, les Maoris ont du mal à renoncer à une partie de leur culture, même fabriquée de toutes pièces par des éléments extérieurs. Après bien des discussions et désaccords, les Maoris ont apparemment décidé de les conserver et de les transmettre. Mais ils feront tout pour que cela ne se reproduise pas.

Les légendes maories désignent-elles réellement 2012 comme la date fatidique ? Je ne saurais dire. La leçon à tirer ici est que nous sommes sur le point de connaître une prolifération de légendes sur 2012, qui finira en effet par devenir ce curieux aimant dont parle Hand Clow. Tout mythe est susceptible d'être investi d'une signification prophétique. Les puristes se récrieront peut-être, mais le but de ce livre est de débusquer la vérité sur 2012, et non pas d'en contrôler l'usage. Je redoute cependant que celui-ci prolifère et jette le discrédit sur une hypothèse pourtant probable et inquiétante. Comme le petit garçon qui criait au loup et que personne ne croyait plus lorsque la bête arriva enfin.

Notre Jugement dernier préféré

Brian Cullman, auteur-compositeur new-yorkais, raconte que, un jour, dans une librairie, il aperçut du coin de l'œil un livre intitulé *How to Prepare for the PAST (Comment se préparer pour le PASSÉ)*. Il s'empara de l'ouvrage, et découvrit qu'il s'agissait en fait de *How to Prepare for the PSAT*, acronyme pour un examen d'entrée à l'université. Mais l'idée qu'on puisse vouloir se préparer au passé lui inspira une ballade.

Périodiquement, le look « cadavre ambulant » revient à la mode et il y a des chances qu'il accompagne l'imminence de 2012. Tout comme paraître rongé par la consomption était « en vogue » lorsque les épidémies de tuberculose faisaient rage au tournant du siècle dernier, le look gothique, livide et maussade refait surface. Plusieurs groupes de rock, dont Downfall 2012 à Houston (leur logo est une image de la Terre avec une mèche allumée) et Multimedia 2012, à Saint-Pétersbourg, donnent le ton. Et un certain Dr Paradise tourne dans le monde entier avec un spectacle intitulé Paradise 2012, concert de lumières et de formes géométriques réglées sur certaines fréquences spécifiques des chakras.

Maximon, le saint noceur de Santiago Atitlan, avait-il raison depuis le début ? 2012 n'est-il qu'un prétexte pour faire la fête ? La logique est irrésistible. Si le 21 décembre 2012 représente vraiment la fin des temps ou quelque chose d'approchant, quelle meilleure manière avons-nous de faire du passé table rase qu'une bouteille de champagne dans une main et l'être cher du moment dans l'autre ? Que ce moment soit merveilleux, atroce ou un non-événement, nous pouvons continuer la fête jusqu'à Noël et au Nouvel An, puis nous dégriser en janvier, fauchés et gelés. Et puis l'heure viendra de nous interroger : avons-nous fait la fête pour écarter une catastrophe ou bien espérions-nous secrètement que Dieu mettrait un terme à tout cela ?

L'ethnologue Margaret Mead déclara ne jamais avoir rencontré un peuple sans mythe de création. Qu'il s'agisse de l'éternelle mythologie grecque, de la bataille amoureuse entre les Babyloniens Mardouk et Tiamat, ou simplement de deux amants et d'un serpent dans un jardin, les peuples ont besoin qu'on leur explique comment tout a commencé. Et apparemment, comment tout finira : réchauffement planétaire, apocalypse nucléaire, Armageddon, etc. Le mouvement Apocalypse 2012 aura au moins servi à nous concentrer sur notre besoin de ce que Frank Kermode, grand critique littéraire d'Oxford, appelait la « notion de fin » dans son brillant essai.

Ceux qui prophétisent l'apocalypse prétendent généralement la craindre et la détester, et prier pour avoir tort. Mais je crois que le Jugement dernier a un attrait profond et inavouable pour ceux qui sont malheureux et insatisfaits de leur sort. Accepter l'imminence de l'apocalypse offre à celui qui y croit une immense satisfaction : la certitude que le monde qui l'entoure n'est que futilité. C'est une forme de revanche sur l'injustice de la vie.

L'apocalypse comble également le vide laissé par la perspective du conflit nucléaire entre les États-Unis et l'URSS qui a hanté notre inconscient collectif jusqu'à la fin des années 1980, et que la « menace terroriste globale » n'a qu'imparfaitement remplacée.

On ne compte plus les élucubrations apocalyptiques qui se sont succédé au cours de l'Histoire. Ce qui rend la situation différente aujourd'hui est la convergence d'un faisceau de menaces et de prophéties d'origines très diverses autour de 2012. Certes, ces sources ne sont pas toutes légitimées par les autorités scientifiques : prophéties de chamanes mayas, théories interstellaires d'obscurs géophysiciens sibériens, ruminations de médiums sud-africains, décrets de rabbins kabbalistes... Mais quand autant de traditions et de disciplines éloignées convergent pour annoncer l'imminence d'une catastrophe et que ces prédictions s'accordent avec des données scientifiques irrécusables, la menace mérite d'être prise au sérieux.

2012 n'a rien à voir avec une fascination morbide

La plupart des scénarios eschatologiques tendent vers l'absurde. Car, comme la mort, la fin du monde est absurde. La morale de l'histoire, c'est qu'il n'y a pas de morale. Alors, pour les adeptes de la fin des temps, autant qu'elle soit glorieuse, que le dernier instant soit fascinant.

Lorsque j'ai commencé mes recherches sur 2012, je pensais découvrir beaucoup de choses sur les sectes apocalyptiques récentes comme Aum Shinri Kyo au Japon, les Davidiens (David Koresh) au Texas, Heaven's Gate en Californie, Jeffrey Lundgren (Mormon), le Mouvement pour la restauration des Dix Commandements en Ouganda ou le Temple du Peuple (Jim Jones) au Guyana. Je n'y ai pas trouvé une seule référence à 2012 en presque dix-huit mois d'enquête quotidienne sur le sujet.

Si ces sectes apocalyptiques ne semblent pas s'intéresser à 2012, c'est parce que cette échéance n'a rien à voir avec la fascination morbide ou les pulsions suicidaires des férus d'eschatologie. Il s'agit d'un bouleversement qui peut avoir pour conséquence un grand nombre de morts, humaines et autres, mais, contrairement à la plupart des sectes apocalyptiques, il n'est question ni de transcendance ni de rédemption. La mort est simplement ce qui arrivera probablement, et non une solution préconisée par un gourou.

Quoi qu'il en soit, le Jugement dernier reste le Jugement dernier et, devant l'éventualité de la disparition de tout ce que nous aimons, nous avons besoin de croire que quelque chose suivra, peu importe quoi.

Le soir de mon arrivée en Afrique du Sud, je dîne chez le Dr Pierre Cilliers, distingué chercheur de l'Observatoire magnétique d'Hermanus. Je m'attends à une conversation intéressante sur l'inversion des pôles, l'affaiblissement du champ magnétique, etc. Au lieu de quoi je me retrouve en compagnie de chrétiens fervents qui me font part de leur foi en Dieu et en Son Fils Jésus-Christ.

Deux des invités de Cilliers, des Sud-Africains blancs, me racontent comment, armés de 45 dollars et de leur foi en Jésus, ils ont fondé une école élémentaire dans le nord de Johannesburg. Ils l'ont même agrandie malgré un attentat à la bombe de séparatistes blancs qui haïssaient cet établissement mixte pour Blancs et Noirs. Un autre invité, Bertrand, raconte que sa femme et lui avaient tenté pendant des années d'avoir des enfants. Un adorable bébé avait fini par naître, pour mourir sept mois plus tard d'un cancer, qui avait emporté à son tour son épouse peu de temps après. Selon lui, si Dieu n'est pas la cause des maux, ni même des joies de l'existence, Il nous accompagne et désire simplement que nous nous tournions vers Lui.

La foi de ces gens les rend plus forts dans l'adversité que je ne saurais l'être face à de telles épreuves. Les rend-elle aussi plus réceptifs au message du Tout-Puissant ?

Que pense le Dr Cilliers de l'Apocalypse et d'Armageddon ? J'attends le lendemain qu'il soit dans son bureau, dans un contexte professionnel, pour éviter une interminable réponse de fin de soirée. Il s'apprête à assister à une conférence de physique atmosphérique où il doit présenter une étude sur les relations entre variabilité solaire et fluctuations du champ magnétique terrestre. Mais il prend le temps de me citer les paroles de Jésus-Christ : « Vous allez entendre parler de guerres et de bruits de guerre : gardez-vous de vous alarmer car cela doit arriver. Mais ce ne sera pas encore la fin. Une nation s'élèvera contre une nation, et un royaume contre un royaume, et il y aura, par endroits, des famines et des tremblements de terre. Tout cela ne sera que le commencement des douleurs de l'enfantement. » (Matthieu, 24, 6-8.)

Ces douleurs sont censées augmenter en fréquence et en intensité à mesure qu'approchera l'heureux dénouement. La question est de savoir si les guerres, la terreur, la famine et les maladies, les cyclones, les séismes et les éruptions dont le rythme ne fait que croître depuis la fin du siècle passé et l'aube du nouveau millénaire sont bien des contractions ou seulement les effets d'une grosse indigestion.

LISA nous montrera le chemin

Mère-Père-Enfant. Père-Fils-Saint-Esprit. Vishnou-Brahma-Çiva. Thèse-Antithèse-Synthèse. Aimé-Amant-Amour. Hydrogène-Oxygène-Hydrogène. Exécutif-Législatif-Judiciaire. Cœur-Âme-Esprit. LISA.

Les triangles, conceptuels ou non, sont sacrés, et Lisa (Laser Interferometer Space Antenna), l'énorme triangle équilatéral conçu par l'Agence spatiale européenne et la NASA pour surfer sur les vagues gravitationnelles tout en tournant autour du Soleil, ne fait pas exception : « Lisa sera capable de détecter les ondes de choc gravitationnelles émises moins d'une fraction de seconde après le Big Bang. Elle se composera de trois satellites tournant autour du Soleil et reliés par des faisceaux laser, dessinant dans l'espace un immense triangle de cinq millions de kilomètres de côté. Toute onde gravitationnelle frappant Lisa déviera les lasers et cette infime distorsion sera relevée par des instruments, signalant la collision de deux trous noirs ou l'onde ayant suivi le Big Bang lui-même. Lisa est tellement sensible – elle peut mesurer des distorsions de l'ordre du dixième du diamètre d'un atome – qu'elle pourra peut-être même tester nombre des scénarios proposés pour décrire l'univers d'avant le Big Bang, y compris la théorie des cordes », écrit le physicien Michio Kaku dans un numéro de février 2005 du magazine *Prospect*.

Mazette ! Un triangle de faisceaux laser de cinq millions de kilomètres de côté orbitant autour du Soleil, tressaillant sous les ondes gravitationnelles infinitésimales résiduelles du premier trillionième de seconde de la Création. Quel meilleur moyen de conclure notre histoire, ou du moins ce chapitre, que de prouver scientifiquement que le Big Bang, notre dernier mythe de la création en date, est réellement fondé sur des faits ?

Pour interpréter les résultats, je m'en remets ici à Gregory Benford, physicien de l'université de Californie à Irvine. Son stupéfiant article dans *Nature* du 2 mars 2006, intitulé « Théologie mathématique appliquée : vous avez un message », est une fable racontant comment des scientifiques découvrent un schéma dans les radiations cosmiques résiduelles du Big Bang : « Éparpillés dans le ciel des micro-ondes, il y avait la place dans les fluctuations détectables pour environ cent mille bits – environ dix mille mots... Mais qu'est-ce que cela signifiait ? Certainement que le message ne serait rédigé ni en anglais ni dans toute autre langue humaine. La seule langue possible était les mathématiques », écrit-il.

Dans la fable de Benford, les plus grands physiciens, mathématiciens, philosophes et théologiens du monde collaborent pour déchiffrer ce message. Bien qu'ils n'y parviennent pas, l'important est qu'il y ait bien un message, de Dieu, de l'Univers, du Créateur.

La date de lancement de Lisa est fixée à 2011. La science commence en 2012.

CONCLUSION

Les Shebab, mes ancêtres, demeurèrent pour la plupart musulmans jusqu'en 1799, quand Napoléon Bonaparte envoya une épée en guise de pot-de-vin à l'émir Bashir Shebab II, seigneur terrien qui dominait les montagnes du Liban. L'émir Shebab était sans nul doute mon ancêtre le plus velu, avec sa barbe qui descendait jusqu'au nombril et des sourcils si broussailleux qu'un moineau aurait pu s'y percher.

À trente ans, Bonaparte ayant décidé de conquérir la Terre sainte, il fit le siège du port ottoman de Saint-Jean-d'Acre, défendu par la flotte anglaise sous le commandement de son ennemi intime, lord Nelson. Bonaparte se jugeait apte à vaincre Nelson tout seul, mais il lui fallait un allié pour défaire Al Jazzar, le pacha ottoman de la côte orientale de la Méditerranée. Al Jazzar était en train de démanteler son port et le faisait combler pour piéger tout navire avant qu'il puisse atteindre le rivage. Ancien chrétien bosniaque qui s'était lui-même vendu en esclavage, Al Jazzar avait mérité son surnom, qui signifie « le boucher », en se chargeant des basses œuvres d'Ali Bey, sultan d'Égypte.

Bonaparte envoya donc à l'émir Shebab une épée finement ouvragée accompagnée d'une lettre lui demandant de quitter ses montagnes pour aller poignarder Al Jazzar dans le dos. La victoire offrirait à mon ancêtre le contrôle de l'est de la Méditerranée, ce que son descendant, votre serviteur, notoirement impécunieux, n'a jamais oublié.

L'émir Shebab accepta le présent, mais ne participa pas à la bataille, et après soixante et un jours de siège, Napoléon battit en retraite. La France fut rapidement chassée de la région. Pour payer les dettes de sa campagne d'Orient, Napoléon, qui entre-temps s'était proclamé empereur, fit ce qu'il avait juré ne jamais faire : il vendit la Louisiane à Thomas Jefferson en un seul gros morceau, plutôt que de diviser le territoire entre plusieurs nations afin d'éviter l'émergence d'une superpuissance nord-américaine.

Lorsque Shebab apprit qu'Al Jazzar avait décidé de l'exécuter tout de même pour ne pas l'avoir aidé à repousser Napoléon, mon ancêtre prit son épée, quitta ses montagnes et embarqua pour Chypre, où il resta terré dans un monastère pendant quatre ans en priant pour la mort d'Al Jazzar, qui survint en 1804. Selon la légende, Shebab entra au monastère en musulman et en ressortit chrétien – raison pour laquelle le Liban est aujourd'hui chrétien pour moitié. En réalité, c'est un peu plus compliqué que cela, mais contentons-nous de dire que Shebab récupéra son trône, et qu'après avoir fait crever les yeux de bon nombre de cousins félons, il régna sur les montagnes du Liban, pratiquant à la fois les cultes chrétien, musulman et druze. Shebab édifia un palais grandiose, Beit ed-Dine, actuelle résidence d'été présidentielle du Liban.

L'épée de Napoléon devint l'objet d'âpres disputes chez les Shebab. La branche chrétienne de la famille voulait la garder en héritage, mais la branche musulmane, qui méprisait ce symbole de la corruption occidentale, préférait s'en défaire et en tirer une petite fortune. Aussi, au début des années 1930, le cousin Kamil Shebab, un chrétien maronite, l'apporta-t-il subrepticement aux États-Unis et la confia-t-il à ma grand-mère, qui habitait un logement à loyer modéré de Park Slope, à Brooklyn. Elle l'enveloppa dans une couverture de l'armée et la cacha derrière la planche à repasser.

L'épée ne servait à rien hormis à prendre de la place dans notre unique placard. Nous ne pouvions pas l'accrocher au mur, de peur que des cambrioleurs ne la dérobent. C'est alors qu'un jour, un conservateur du Metropolitan Museum of Art demanda l'autorisation de la présenter dans une exposition. Ma grand-mère enveloppa l'épée dans une jolie couverture, revêtit un manteau de fourrure que lui avait prêté une voisine, descendit ses quatre étages et gagna la bouche du métro pour traverser la moitié de la ville, soit presque un kilomètre.

Le conservateur entraîna ma grand-mère dans la galerie où se dressait dans une vitrine un mannequin représentant l'émir Bashir Shebab II. Drapé de soie et de brocart, mais l'air aussi avenant que le Diable du tarot, il était censé brandir l'épée. D'après les inscriptions en cyrillique sur la lame et quelques documents qui l'accompagnaient, le conservateur jugea qu'elle avait été originellement forgée pour Ivan le Terrible, probablement à la fin du XVIe siècle.

Dans un roman, l'épée dans sa vitrine aurait scintillé de mille feux. Un conservateur sans scrupule l'aurait volée et remplacée par une copie, entraînant meurtres et intrigues à la *Da Vinci Code*. Ici, l'épée de Napoléon fut rendue et réintégra son placard sans la moindre anicroche. En presque trente ans, je ne crois pas que l'idée de la vendre ait jamais effleuré mes grands-parents.

C'est étrange de voir d'où les gens tirent leur orgueil. Huit familles vivent dans le même immeuble branlant, tuent les mêmes cafards, traînent sur le même toit goudronné dans la moiteur des soirs d'été pour prendre le frais. Parmi elles, une famille, pas plus riche que les autres, est assurée de faire partie de l'Histoire. Longtemps avant de savoir qui était Napoléon ou Ivan le Terrible, je savais que mon ancêtre avait été roi. Petit, je voulais l'être aussi, et de temps en temps, quand nous rendions visite à ma grand-mère, je sortais péniblement l'épée de son placard et la traînais dans le salon. Et il ne fallait pas bien longtemps avant qu'on me gronde parce que les pierreries qui ornaient la gaine rayaient le parquet.

Vous comprenez maintenant ce que je voulais dire par « être un personnage secondaire dans ma propre autobiographie » : commencer par une météorite s'écrasant dans le désert, égrener tous les grands noms de l'histoire, insérer une métaphore sur les sourcils de l'aïeul, saupoudrer le tout de détails personnels pour que le lecteur puisse s'identifier au narrateur, et puis assener un message suggérant que la crise du Moyen-Orient n'est que le énième round du grand match islam contre christianisme.

L'épée de Napoléon est depuis longtemps rentrée au Liban et exposée au palais de Beit ed-Dine, que mon velu aïeul a édifié. Tout ce qui me reste est la traduction de l'inscription en cyrillique. Sous la Sainte Croix qui orne la garde sont gravés ces mots :

Par la Croix, l'Église entreprend et sur la Croix elle place ses espoirs.
Par la Croix nous entreprendrons et par la Croix nous réussirons.

Sur la lame, deux petites prières sont gravées en caractères délicats :

Ô, toi, Sainte Croix, sois ma force et mon secours,
Sois ma gardienne et sauve-moi de ceux qui veulent m'attaquer.
Sois mon armure et ma protection,
Sois mon soutien et accorde-moi la victoire.

La Croix protège l'Univers
La Croix embellit l'Église
La Croix est le symbole des Tsars
La Croix est la force du croyant
La Croix est l'orgueil des anges et
Celle qui chasse les démons.

De l'autre côté de la lame, sous une gravure de la Sainte Vierge, figure une prière moins belliqueuse :

En Toi, je place mes espoirs
Ô Vierge Marie, Mère du Christ,
Garde-moi à l'ombre de Ton Saint Vêtement.

* * *

Si, comme le suggèrent notamment les prophéties mayas, l'apocalypse de 2012 est programmée, il ne nous restera pas d'autre choix que d'implorer la clémence divine. Bien sûr, s'il se trouve qu'il n'y a pas de Dieu, ou que dans Son infinie sagesse Il ou Elle nous abandonne à notre triste sort, nous sommes fichus. Mais le moment venu, dans le doute, je crois que personne n'hésitera à tomber à genoux pour tenter d'apaiser l'ire céleste. Alors autant s'y prendre à l'avance et faire quelques sacrifices.

Les Humvees seraient entre autres une offrande judicieuse. Tout comme Arnold Schwarzenegger, qui posséderait plusieurs de ces véhicules. Que le gouvernement fédéral ait décidé d'exempter les Humvees et autres 4 x 4 de la taxe écologique sous prétexte que ce sont des « camions légers » est une offense au bon sens et un affront à la bonne conscience environnementale.

La menace de 2012 est un message qu'il importe de comprendre en accordant davantage d'attention à la planète que nous foulons. À défaut, ou s'il est déjà trop tard, il nous faudra la quitter pour quelque lointaine galaxie en précipitant la colonisation de l'espace. Dans l'attente de cette hypothétique solution à la survie de l'humanité, des mesures urgentes sont à prendre pour parer à l'imminence des cataclysmes qui s'annoncent.

En 1995, j'ai rédigé un article pour le *New York Times* intitulé « Fusion nucléaire et exploitation minière de la

Lune », déplorant le manque de progrès des physiciens dans la maîtrise de la fusion nucléaire malgré les milliards de dollars injectés dans la recherche. La fusion nucléaire est probablement la plus grande énergie de l'Univers, celle qui alimente le Soleil et les bombes H. La contrôler est un objectif noble qui fournira peut-être un jour des quantités d'énergie presque sans limites. Elle pourrait reléguer les combustibles fossiles au rang d'antiquités. Le problème, c'est que la fusion nucléaire est un processus si violent, l'ultime manifestation d'$e = mc2$, qu'il faut plus d'énergie pour empêcher le réacteur d'exploser que la réaction elle-même n'en produit.

Je suggérais dans mon article de consacrer 10 % de ce financement aux approches alternatives au contrôle de la fusion. Le *Times* m'envoya un chèque de 150 dollars, Dan Rather m'écrivit une lettre aimable, un homme qui se disait ambassadeur appela pour m'inviter à déjeuner puis annula. Pas un sou du financement ne fut remis en question et encore moins réaffecté. À l'heure où j'écris ces lignes, plus de onze ans et probablement autant de milliards gâchés après, les physiciens du plasma sont encore très loin de leur objectif. Il est temps de fermer le robinet.

Plus précisément, je propose un moratoire sur tout financement pour la recherche sur la fusion nucléaire contrôlée, avec effet immédiat, et ce jusqu'en 2012. Attribuer ces fonds à la prévention des catastrophes et l'aide aux victimes me paraît fort judicieux. Chaque personne qui réchappera à ce qui nous attend sera dans un dénuement sans mesure. On doit préparer les civils au pire, comme durant la guerre froide, où on apprenait aux écoliers quoi faire en cas d'alerte atomique. En cas de catastrophe, les Londoniens reprendront le chemin du métro dans lequel ils avaient trouvé refuge durant la Seconde Guerre mondiale, de même que les Moscovites, New-Yorkais, Parisiens, Tokyoïtes et tous les habitants de métropoles bénéficiant d'un réseau souterrain. Il se trouve de par le monde nombre d'anciennes cités souterraines qui pourraient, une fois convenablement restaurées, fournir un abri. L'une des plus vastes, à Derinkuyu, en Turquie, abritait jusqu'à 200 000 personnes.

Préparer les réseaux souterrains, anciens et modernes, à une brusque affluence consiste principalement à renforcer les structures, fournir des installations sanitaires et prévoir l'approvisionnement en eau, vivres, médicaments, vêtements et couvertures. Les mêmes mesures devraient être prises pour que les stades, lycées, auditoriums et autres grands bâtiments publics soient prêts pour l'arrivée massive de réfugiés. Imaginez combien les heures qui suivirent Katrina auraient été plus humaines si le superdôme de La Nouvelle-Orléans avait été aménagé, ne fût-ce que de façon rudimentaire, pour accueillir les victimes.

Face au réchauffement climatique, une taxe sur les gaz à effet de serre s'impose. Le réchauffement planétaire ne sera peut-être pas en lui-même la cause de l'apocalypse, mais il aggrave sans aucun doute notre vulnérabilité aux séismes et aux éruptions volcaniques, et il complique les problèmes que nous allons affronter en entrant dans le nuage d'énergie interstellaire et/ou en cas de turbulences solaires. Les gouvernements américain, chinois et indien doivent ratifier les accords de Kyoto et ne plus déverser impunément dans l'atmosphère autant d'oxydes de carbone.

Il est impossible d'enrayer d'ici 2012 le réchauffement planétaire, la diminution de la couche d'ozone et toutes les autres catastrophes écologiques en cours. Tout ce que nous pouvons espérer, c'est réduire un peu leur impact. Pour cela, au lieu de précipiter Armageddon, nous devons nous préparer ensemble à l'épreuve à venir, quelle qu'en soit la nature.

Préparer les esprits

Comment pouvons-nous nous défendre contre un effondrement psychologique généralisé ? Un homme averti en vaut deux, dit le proverbe. Il est évident que le traumatisme sera moindre si nous ne sommes pas pris par surprise.

Dans *Embattled Selves : An Investigation into the Nature of Identity through Oral Histories of Holocaust Survivors* (Esprits assiégés : enquête sur la nature de l'identité dans les récits oraux des rescapés de l'Holocauste), Atlantic Monthly Press, 1994, Kenneth Jacobson s'interroge sur les ressources psychologiques nécessaires qui permettent de surmonter l'horreur des camps de la mort. Pour simplifier, il avance l'idée que leur générosité aurait contribué à la reconstruction des anciens déportés. Ceux qui en avaient aidé d'autres à tenir bon ou à s'évader tendaient à mener après guerre une vie plus calme et plus saine. Ceux qui s'étaient contentés d'agir égoïstement – et Dieu sait que l'égoïsme est certes justifié devant le pire des périls –

souffrirent plus gravement des années plus tard. Retenons donc que la générosité est essentielle à la survie psychologique.

La deuxième clé révélée par Jacobson est l'attachement à son identité, soit le refus de renoncer à qui l'on était avant les années noires. C'était particulièrement important durant l'Holocauste, car les persécutions nazies se fondaient sur l'ascendance des victimes désignées. Les Juifs qui se coupèrent de leurs racines afin d'échapper à ce sort funeste eurent tendance à souffrir davantage par la suite que ceux qui y restèrent attachés.

Ouvrons la voie aux Mayas

Voyons les choses ainsi. Si 2012 est remplie de catastrophes ou que nous nous contentons de les frôler, les Mayas, qui avaient tout prévu depuis deux millénaires, deviendront nos guides pour les siècles à venir.

Aussi, entre aujourd'hui et le 21/12/12, le bon sens nous dicte de les écouter, de faire sortir ces anciens de leurs grottes, de les inviter à s'exprimer à la télévision, de les engager comme consultants. Je garantis que le résultat sera à la fois troublant et exaltant. Troublant en raison du choc des cultures et des langues ; exaltant, parce que le cœur des prophéties mayas pour 2012 est la transformation et non les catastrophes qui semblent destinées à l'accompagner. Les Mayas croient foncièrement que 2012 représente une chance formidable pour l'humanité d'acquérir la connaissance et de se rapprocher des dieux.

En plaisantant à moitié, je demande aux frères Barrios quels conseils ils donneraient aux investisseurs pour 2012. Réponse : les fondamentaux – vivres, abris, vêtements, ordinateurs.

– Alors, qu'est-ce qu'on fait ? demandé-je innocemment.

– Nous devons faire en sorte que notre curiosité serve réellement les hommes et Notre Mère la Terre, répond Gerardo.

Prenez le maquis

Jérusalem. La Mecque. Angkor Vat. Tikal. Thingvellir. Le Vatican. Berea, dans le Kentucky.

Des hauteurs, des collines : l'humanité a toujours cherché à surélever ses lieux saints.

De tous les sites sacrés du monde, aucun n'incarne plus la valeur des services rendus par les Mayas à l'humanité et la Terre que la ville de Berea, dans l'État du Kentucky. Nichée dans les Appalaches, exactement au nord, d'ailleurs, du territoire maya, Berea est aussi charmante que modeste. Le cœur de la ville est le Berea College, régulièrement coté comme l'une des meilleures universités d'arts libéraux des États-Unis, avec un niveau d'enseignement exceptionnellement élevé et de grandes valeurs morales.

Le Berea College ne reçoit aucune aide, ni fédérale, ni de l'État, ni de la ville, et a en toute indépendance amassé plus de 200 millions de dollars en dons charitables. Cela malgré le fait que les étudiants de Berea, qui ne paient pas de frais de scolarité, sont tous issus de milieux défavorisés. Les trois quarts viennent d'Appalachia, bien que même les enfants d'anciens élèves ne soient pas admis si le revenu des parents dépasse le seuil des revenus modestes. Tous les étudiants travaillent un minimum de vingt heures par semaine, produisant poterie, fer forgé et objets d'artisanat en bois d'une telle qualité que l'université n'arrive pas à répondre à la demande. Le bois provient d'une exploitation durable dans les forêts voisines du campus.

Depuis ma visite en 1993, l'établissement a ajouté un éco-village, ensemble agréablement conçu de cinquante appartements destinés aux étudiants mariés, utilisant 75 % d'eau et d'énergie de moins que les logements conventionnels et recyclant au moins 50 % des déchets.

Racisme et sexisme sont combattus à Berea, courageusement, depuis sa fondation en 1855. À l'époque où le Kentucky était encore un État esclavagiste, la première promotion de Berea comprenait quatre-vingt-seize Noirs et quatre-vingt-onze Blancs, et un nombre presque égal de garçons et de filles. Berea tire son nom d'une ville citée dans les Actes des Apôtres, (17 :10), et l'établissement a pour devise « Dieu a fait d'un seul sang tous les peuples de la Terre ».

Oui, c'est chrétien avec un grand C, et non, le flan qu'on sert à la Boone's Tavern, l'antique restaurant de la ville, n'est pas à se damner, mais réfléchissez à ceci : pour environ 250 000 dollars, vous pouvez acheter une jolie maison de cinq pièces sur un agréable terrain situé dans l'une des régions les plus stables d'Amérique, au point de vue sismique et volcanique.

S'il y a bien un endroit qui ne sera pas touché par l'apocalypse en 2012, c'est bien Berea, dans le Kentucky.

Soyez prudent

Prenez 2012 au sérieux, mais ne paniquez pas. Élaborez des plans de secours, mais rien de radical. Nous avons des choses à faire entre aujourd'hui et le jour fatidique, nous préparer, en tant qu'individus et en tant que sociétés, pour l'épreuve à venir. Si nous pouvons trouver dans notre cœur le courage de regarder droit devant, nous trouverons aussi le moyen de dominer la menace.

TABLE DES MATIÈRES

• • • SAGIM • CANALE • • •

Achevé d'imprimer en août 2007 par Sagim Canale à Courtry (77181)
Dépôt légal : août 2007 - N° d'impression : 10326

Imprimé en France